纺织服装高等教育"十四五"部委级规划教材

服装专业研究方法与科技论文撰写

东华大学·海派时尚设计及价值创造知识服务中心

陈彩霞 李 敏 编著

U0377585

东华大学出版社
·上海·

图书在版编目(CIP)数据

服装专业研究方法与科技论文撰写 / 陈彩霞，李敏
编著. — 上海：东华大学出版社，2024.7
ISBN 978-7-5669-2374-5

Ⅰ.①服… Ⅱ.①陈… ②李… Ⅲ.①服装工业−研
究方法②服装工业−论文−写作 Ⅳ.①TS941

中国国家版本馆 CIP 数据核字(2024)第 105658 号

责任编辑 张 煜
封面设计 张佩汕

书　　名　**服装专业研究方法与科技论文撰写**
编　　著　陈彩霞　李　敏
出　　版　东华大学出版社(上海市延安西路 1882 号,2000051)
本 社 网 址　http://dhupress.dhu.edu.cn
天 猫 旗 舰 店　http://dhdx.tmall.com
营 销 中 心　021-62193056　62373056　62379558
印　　刷　上海龙腾印务有限公司
开　　本　787mm×1092mm　1/16
印　　张　12.25
字　　数　480 千字
版　　次　2024 年 7 月第 1 版
印　　次　2024 年 7 月第 1 次印刷
书　　号　ISBN 978-7-5669-2374-5
定　　价　76.00 元

前　言

　　科学、规范地撰写科技论文是大学生和初入研究领域的科研人员必须掌握的技能之一，一篇好的科技论文需要具备有意义的选题，严谨的研究方法，规范、条理清晰的文献综述和合理的分析。

　　东华大学服装与艺术设计学院作为国家重点学科、国家级特色专业、教育部重点建设学科，培养了众多在服装行业内有着重要影响力的专业人才。《服装专业研究方法与科技论文撰写》作为一本专业教材，将东华大学服装设计与工程专业多年的教学与研究成果进行了系统性的整合，以对学生提供全面、深入的研究方法指导。作为一本理论与实践相结合的教材，它成为了学院理论研究与实际应用之间的桥梁。通过此教材，学生可以更容易地将所学应用到实际的研究与创作中。科技论文的撰写需要严谨的态度和规范的格式。本书不仅为学生提供了科研方法的指导，还详细阐述了科技论文的撰写技巧，以帮助学生提升论文的质量和影响力。

　　此书不仅适用于大学生，还适用于相关专业研究生和相关专业的广大科研人员。本书涵盖了从基础知识到高级技能的所有内容，满足了不同层次学生的需求。此外，除了服装设计与工程专业的学生，其他如艺术设计、产品设计等相关专业的学生也可以从中获得启示，进行跨学科的研究与创新。

　　本书的顺利完稿离不开服装设计与工程系研究生张梦琪、高雨晨、卢悠、倪佳妍、张佩汕、王宇辰和王静怡等同学的帮助，他们为本书提供了很多研究案例，做了大量资料整理和校对工作。

　　尽管本书在编写过程中，编者努力确保内容的准确性和完整性，但由于知识的广博和深邃，以及编者的知识水平和经验所限，难免会存在疏漏或不足之处。在此真诚地欢迎广大读者提出宝贵的意见和建议，帮助我们更好地完善和优化这部教材。任何学术作品都是一个持续进化的过程，借助于广大读者和同行的指导和批评，相信这本教材将更加完善，以便更好地服务于广大学生和教育工作者。

　　再次感谢您的支持与理解，若在阅读过程中发现任何问题或有任何建议，请随时与我们联系。您的每一个反馈都是对我们宝贵的指导。

编者

2024 年 2 月

目　录

第一章

科学研究方法概述

科学研究方法是一套系统的程序和技术,用于收集、分析和解释数据以回答研究问题。科学研究方法涵盖了问题定义、文献回顾、假设构建、样本选择、数据收集、数据分析和结果解释等步骤,旨在确保研究严谨、可靠且有效。

1.1 科学与研究

1. 科学的定义与特征

科学是一套系统化和逻辑化的方法论,旨在观察、描述、预测及解释自然界和社会现象。科学的核心在于探索事物的本质、规律及原因。这一过程通过观察、实验等方法,基于事实之上,运用逻辑作为工具,实现经验与理论的融合。科学研究方法包括一系列规范化、系统化的程序和技术,如观察、实验、模型构建和假设验证等,旨在获取知识、解决问题和验证理论。

2. 研究的本质

研究是发现新知识或对现有知识进行深入理解的活动,不仅仅局限于数据收集。研究过程包括数据的收集、分析以及最终得出结论。它通常基于精确的观察,而这种观察不一定总是会导致科学领域的重大发现或突破。实际上,研究是一个缓慢而稳定的进程,往往是通过逐步积累来实现前进的。

3. 研究的分类

根据研究的领域,可以将研究分为自然科学和社会科学两大类。自然科学研究自然界中的有机物和无机物及其现象,包括物理学、化学、天文学、生物学和地球科学等。社会科学则研究人类社会的各种现象,如政治学、经济学、军事学、法学和教育学等。

4. 研究的意义与局限性

研究的目的并非总是为了在科学领域取得重大进步,而更多是为了在特定问题领域实现小幅度的进展。它可以带来新的观点,或者启发人们以新的方式思考问题。综合而深入的研究可能会产生理论或普遍规律,如心理学家 Icek Ajzen 提出的计划行为理论,该理论描述并解释了人类特定行为方式。

研究并不意味着一定要在科学领域有重大的发现或者突破。更一般的情况是,研究是普通而不那么令人兴奋的活动。它经常是一步步地缓慢向前推进,而不是一蹴而就。研究确实能够帮助解决困扰人们多年的复杂问题,但希望研究总是能够帮助解决遇到的所有问题的想法是不现实的。它通常会在某个研究方向上带给人们新的观点,或者启发人们以一种全新的方式思考问题。

如果人们所从事的研究是综合和深入的,那么,研究就很可能会带给人们一种理论,或者一个适用于大量特殊情况的普遍规律。比如,研究人类行为的心理学家可能会形成一种描述和解释人类特殊行为方式的理论,然后,他们又应用这种理论尝试着去解释以往被研究过的其他人类行为。

1.2 自然科学与社会科学研究

1. 自然科学研究的特征

(1)强调因果关系:自然科学研究倾向于探寻和验证因果关系。例如,在物理学实验中,通过观察不同重量的物体挂在弹簧上导致弹簧伸长的程度,科学家们能够揭示重量与弹簧伸长之间的因果联系。这种方法适用于自然界的大多数现象,其中因果关系通常清晰且可预测。

(2)精确性与量化:自然科学研究注重精确性和量化的方法。在实验中,科学家们通过精确的测量和数据分析来建立科学事实和原理。例如,在化学实验中,精确测量化学物质的质量、体积和浓度是理解化学反应的关键。

(3)追求普遍性定律:自然科学的一个核心目标是发现和验证普遍适用的科学定律,如牛顿运动定律和热力学定律。这些定律提供了对自然界现象的深入理解,并能在不同条件和环境下进行预测和应用。

2. 社会科学研究的特征

(1)因果关系的复杂性:在社会科学研究中,因果关系往往不如自然科学中那样明显。例如,在研究工资差异时,可能需要考虑多种因素,如教育、经验、性别等。这些因素相互作用,使得建立清晰的因果关系变得复杂。

(2)定性方法与定量方法的结合:社会科学研究经常涉及无法直接量化的变量,如个人态度、文化价值观或社会规范。因此,社会科学家常常结合使用定性方法(如案例研究、访谈)和定量方法(如调查问卷、统计分析),以全面理解社会现象。

(3)人类行为的多样性和不可预测性:由于个体差异和社会环境的多样性,社会科学面临着解释和预测人类行为的挑战。例如,同样的社会政策可能在不同的文化或社会背景下产生不同的影响。

3. 自然科学与社会科学的比较

自然科学的研究通常基于实验和观测,强调可重复性和普遍性,而社会科学则更多地依赖于观察、解释和理解社会现象的复杂性。尽管两者在方法论和研究重点上存在显著差异,但它们都致力于通过严谨的研究方法提升我们对世界的理解。

在服装领域的研究中,区分自然科学研究和社会科学研究主要取决于研究的焦点、方法和目的。这两种科学领域虽有交集,但各自关注的重点有所不同。

自然科学研究在服装领域通常关注以下方面:

材料科学:研究不同纺织材料的物理和化学属性,例如耐用性、弹性、透气性等。例如,开发新型纤维、生态友好材料或改善服装的功能性。

工程技术:探究不同材质服装在环境因素(如温度、湿度)下的性能,包括透气性、吸湿性等,或涉及服装制造过程的改进,如机器和设备的效率、生产工艺的创新等。

生物技术:研究如何利用生物技术改善纺织品,例如使用微生物染色技术或生物酶处理纤维。

环境科学:考察服装如何与周围环境相互作用,影响或调节人体与环境之间的相互关系。或者关注服装生产对环境的影响,包括可持续性和废物管理。

人体生理学:研究服装如何影响人体的生理反应,例如温度调节、汗液蒸发等。

社会科学研究在服装领域通常包括以下方面:

文化研究:探讨服装在不同文化和社会中的意义,如服饰如何表达身份、地位和文化价值观。

心理学:研究服装选择对个人心理的影响,例如服装如何影响人们的自尊心、自我表达和情感状态。

经济学:涉及服装行业的市场动态、消费者行为、价格策略和商业模式。

历史研究:探索服装在历史上的演变,以及它如何反映历史社会的变迁。

传播学和媒体研究:研究服装如何在不同媒体平台上呈现,以及它如何影响公众的认知和流行趋势等。

自然科学研究侧重于服装的物理、化学和生物特性,及其生产过程;社会科学研究则侧重于服装在人类社会中的作用、意义以及它如何影响和被社会结构、文化和心理因素所影响。在实际研究中,两者往往相互交织,一项研究可能包含自然科学和社会科学的元素。例如服装人体功效学是一个综合性研究领域,主要探讨服装对人体的各种功能效果,这包括但不限于生理、心理和社会层面的影响,这个领域通常结合了自然科学和社会科学的研究方法。

案 例

区分服装领域的自然科学和社会科学研究

自然科学研究：评价防水透气层织物对消防服热湿防护性能的影响,通过热防护性能测评装置进行测量和分析。

自然科学研究：研究运动速度对压缩式运动文胸动态压力的影响,使用压力传感器进行测量和数据收集。

社会科学研究：研究电子商务环境中虚拟试衣间对消费者行为的影响,探讨在线和离线环境下的购买意愿。

社会科学研究：基于信号理论,研究社交媒体上的产品推荐如何影响用户的冲动购买欲望,侧重于情感信任和信息质量的影响。

1.3 科学研究的分类

根据英国大学基金委员会的定义,可以将科学研究分为三类,即三个层次(图1-1)。自上而下,知识的真正原创性贡献在逐渐减少,而成功完成的可能性则在不断增加。英国大学基金委员会提出的定义覆盖了研究的全部领域,研究层次之间常常相互交织和互相影响,不同层次的研究在解决问题、产生知识和推动社会发展中都发挥着重要作用。

贡献 难度				
大	基础研究	纯基础研究	纯理论	层次一
	开发研究	基本目标研究	检验现有理论	层次二
		评价研究	描述最新研究成果	
	应用研究	应用研究	特定问题解决方案	层次三
小		行为研究		

图1-1 科学研究分类

自然科学研究中的基础研究、应用研究和开发研究。在目的、性质和特点上各有侧重:

(1)基础研究:基础研究关注于学科的基本理论问题,旨在深入了解自然界的基本规律。这类研究专注于理论层面,不直接关联实践应用。研究成果通常在学术期刊中发表。

（2）开发研究：通过系统性的实验、调查、设计等方法，旨在开发新产品、新技术、新方法或新流程的研究活动。开发研究涉及多个阶段，包括需求分析、概念设计、原型开发、测试验证等。开发研究与基础研究和应用研究相互补充，是科学理论和实践相结合的重要环节。

（3）应用研究：自然科学的应用研究着重于将基础研究成果应用到实际生产和生活中，解决实际问题。

社会科学研究可以按照其目的、方法和研究对象的不同被分类为以下几种主要类型：

（1）描述性研究：这类研究旨在详尽描述社会现象或特定群体的特点。描述性研究不试图解释原因，而是集中于"是什么"和"怎样"的问题，例如人口统计研究和案例研究。

（2）解释性研究：解释性研究关注于理解和解释社会现象背后的原因和动机。这类研究试图揭示原因与结果之间的关系，通常涉及假设的建立和验证。

（3）探索性研究：在初步或尚未充分理解的研究领域，探索性研究起着关键作用。这类研究旨在探索新的问题、发现新的现象，为未来的研究奠定基础。

（4）战略研究：此层次的研究涉及对基础研究的综合评述，强调其在实践中的应用潜力。研究者及来自工业、商业和政府领域的专业人士对此类研究成果感兴趣，特别是其在各自专业领域的应用潜力。

（5）应用研究：应用研究着眼于现实问题，通过观察和分析社会现象，寻找理论视角进行解释，并直接或间接地寻求解决方案。这一层次的研究通常具有具体的实践目标，并可进一步细分为评价研究和行动研究等子层次。行动研究特别强调研究人员作为参与者而不仅是观察者的角色。

（6）评价研究：评价研究通常在政策制定或项目实施后进行，旨在评估政策、计划或项目的效果和影响。例如评估教育干预的效果或公共卫生计划的成效。

（7）行动研究：行动研究强调理论与实践的结合，研究人员在研究过程中通常会直接参与到实践活动中。这类研究致力于通过实践活动带来社会改变或解决具体问题。

（8）历史研究：历史研究关注于过去的事件和过程，通过分析历史文献、档案和其他源材料来理解和解释历史现象。

（9）比较研究：比较研究涉及对不同文化、社会、国家或时期的现象进行比较，以揭示共性和差异。

这些分类并不是严格独立的，许多社会科学研究可能会融合几种类型的特点。社会科学研究的多样性和复杂性意味着研究方法和类型常常会根据具体的研究目标和问题进行调整。

解释性研究示例

乔治·阿克洛夫的研究成果《"柠檬"市场：质量的不确定性和市场机制》是一个突出的例子。在这项研究中,他以美国旧车市场为案例,提出了"柠檬市场"这一经济学理论模型,用于描述信息不对称下的市场现象。此理论在健康保险、金融市场和雇佣合同等领域均有广泛应用,其对市场的不对称信息研究具有里程碑意义,为其赢得 2001 年诺贝尔经济学奖。

该研究可以被归类为解释性研究。这项研究通过分析美国旧车市场,提出了"柠檬市场"这一经济学理论模型,这个模型解释了信息不对称如何影响市场上产品的质量。此研究的特点在于:

理论建模:阿克洛夫通过构建经济学模型来解释特定的市场现象,即卖方比买方拥有更多关于产品质量的信息时,市场如何运作。

现象解释:研究着重于解释为何市场上低质量商品会驱逐高质量商品,这是一种典型的解释性研究,旨在揭示和解释市场行为背后的原因。

跨领域应用:尽管这项研究起初关注于旧车市场,但其理论模型被广泛应用于其他领域,如健康保险、金融市场和雇佣合同等,显示了其解释性理论的广泛适用性。

阿克洛夫的研究不仅解释了一个特定的经济现象,而且提供了一个理论框架,这对于理解和解决信息不对称导致的问题具有重要意义。因此,这项研究是解释性研究的一个优秀例证,对经济学理论的发展产生了深远影响。

1.4 科学研究的基本步骤

尽管研究的领域、目的、方法,以及性质各不相同,但是,其步骤却具有一些共性。以下是科学研究的基本步骤。

步骤一:选题,提出科学问题是研究的第一步。爱因斯坦认为提出问题往往比解决问题更重要。因为解决问题也许只是数学上或试验上的技能而已,而提出新的科学问题,则需要有创造性和想象力,而且标志着科学的真正进步。通常,科学问题来源于观察、探索分析、实践经验、意外实验结果(如弗莱明发现青霉素)和思考。提出的科学问题要简单、明确、无歧义、可验证。

步骤二:找到导致科学问题的原因并将其转化为科学假设(Scientific Hypothesis)。假设是对预期结果的陈述。说明假设是可预测的。科学假说是建立在一定实践经验的基础上,并经过了一定的科学验证的一种科学理论。它既与毫无事实根据的猜想、传说不同,也和缺乏科学论据的冥想、臆测有区别。它可以通过把造成科学问题的原因——罗列出来,进行讨论和分析的方法提出科学假设。有了明确的科学假设后,研究便可以继续,进入验证阶段。

步骤三:使用适当的方法来验证基于科学问题建立的假设,以科学的方法探索未知,即进行实验的设计与实施。社会科学研究中经常用到问卷调查法和专家访谈法,那么在这一阶段,便是问卷的设计和调查实施方法,专家访谈法的访谈大纲的设计和访谈的实施。在假设验证阶段,不管是进行科学实验还是问卷调查,都有其共同性,都是为了实现预定目的,在人工控制的条件之下,通过干预和控制研究课题而探索有关规律和机制的过程,都是在用科学的方法探索未知,验证假设。科学研究的最后一步便是将之前的实验或问卷获得的数据进行分析,获得结论。这个结论可能是一种发现,或者归纳为理论。

1.5　研究的过程

研究的过程可以分为计划阶段和执行阶段,其中计划阶段包括识别研究领域、选择研究主题、确定研究方法和撰写研究申请(如开题报告),执行阶段为收集数据、分析数据和表达研究结果。然而,在完成研究申请之前,学生经常会发现要搜集到合适的研究数据需要返回到前面的某个步骤。由于大多数学生的研究都有时间限制,因此,从执行阶段返回到计划阶段很可能会损害学生对于完成研究的信心。另外,随着研究的向前推进,越是进入到后续步骤,返回前面步骤的困难就越大,相应的可能性也就越小。但是,由于研究总是涉及一些对学生来说陌生的东西,而后续得到的经验又总是能够表明研究应该在前面的步骤被更准确地定义,因此,学生也总是会发现返回到前面步骤的必要性。这里需要说明的是,尽管这样的返回可以加速后续工作,但是,它却并没有被显示在图1-2给出的过程模型中,因为频繁地返回到前面的步骤通常意味着计划阶段的工作很不充分。

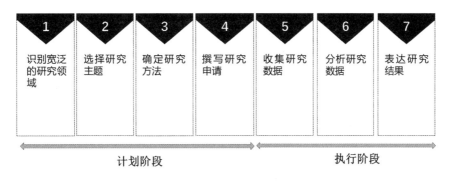

图1-2　研究过程模型

1. 确定研究问题

选取研究主题：从现实社会中存在的大量现象、问题和领域中，根据研究中的兴趣、需要和动机确定一个研究主题。社会研究问题的主要来源：现实社会生活、个人经历、相关文献等。例如，美国心理学家特里普利特发现自行车集体项目比个人计时赛成绩要好得多，提出"其他人的行为是一个刺激要素"的观点。他通过设计儿童绕毛线的实验，证明一起比赛的孩子比单独绕线的孩子速度要快得多。

选题的标准包括重要性、创新性和可行性。重要性考察论文选题是否具有意义和价值；创新性指论文的研究思路、研究的角度、依据的理论、研究的对象、采用的方法、研究的内容等是否创新；可行性指是否具备研究课题的主客观条件。

2. 形成研究问题

进一步明确研究的范围，集中研究的焦点，将最初比较含糊、笼统、宽泛的研究领域或研究现象具体化、精确化，将其转化为既有价值又有新意，同时还切实可行的研究问题。对研究问题进行明确化，即对研究问题进行界定，给出明确的陈述，达到将头脑中比较含糊的想法变成清楚明确的研究问题，将潜在的、含糊的维度减少到所能处理的水平上。

3. 研究路径选择

为实现研究目标而进行的研究设计工作，涉及研究的思路、策略、方式、方法及具体技术工具等方面。

4. 研究工具准备

研究所依赖的测量工具或信息收集工具，如问卷、量表、实验手段等的准备。

5. 研究实施阶段

研究实施阶段需要深入实地、接触被研究者；设计出实验环境、实施实验刺激和测量；搜集大量的文献资料。实施过程中由于现实条件的变化，研究设计往往会在某些方面与现实存在一定的距离或偏差，可根据实际情况进行修正和弥补，发挥研究者的灵活性和主动性。

6. 数据分析和论文撰写阶段

该阶段的任务是对原始资料进行系统审核、筛选、整理、归类、统计和分析。从研究目的、方式到资料的收集、分析的方法，再到研究得出的结论、研究成果的质量，都要在研究论文中进行总结和反映。

研究过程中通常会有三次考核，以帮助学生进一步完善研究设计、研究实施和研究成果展示。第一次的考核是开题答辩，学生就拟研究的主题、研究设计和研究方法等进行汇报；第二次考核是研究实施的过程中进行中期检查，一方面是检查学生的研究过程是否科学、合理，一方面是监督学生的研究进度；第三次考核是答辩环节，考查学生的整体研究结果(图 1-3)。

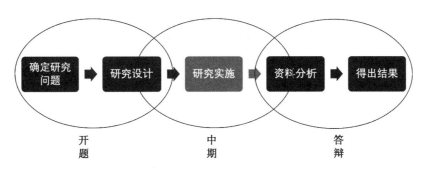

图 1-3 研究过程中的考核

1.6 学习科学研究方法的注意事项

科学研究方法是人们在认识和改造世界的过程中遵循或运用的符合科学一般原则的各种途径和手段。科学研究包括理论研究、应用研究、开发推广等科学活动过程中采用的思路、程序、规则、技巧和模式。这种认识和实践的过程具有可靠性、可重复性和无偏见性。掌握科学研究方法可以使研究者更加系统、有条不紊地进行研究,提高研究的准确性和可靠性。科学研究方法强调客观、公正、批判性思考,有助于培养研究者严谨的科学态度和习惯。掌握科学研究方法,研究者可以更好地在现有的知识基础上进行创新,推动学科领域的发展。

学习科学研究方法有以下注意事项:

(1)科学观念的建立。学习科学研究方法前,研究者应确立科学、客观、真实的观念,避免主观臆断和盲目崇拜。

(2)理论与实践相结合。学习科学研究方法不仅仅是掌握一些理论知识,更重要的是将这些知识应用到实际研究中,不断总结和反思。

(3)持续学习和更新。科学和技术日新月异,研究方法也在不断进化。研究者应该保持对新方法和新技术的关注和学习,不断完善自己的研究方法。

(4)注重团队协作和交流。科学研究往往需要团队的合作和交流。研究者应该学会与他人合作,分享知识和经验,共同推进研究的进行。

第二章

选　题

科学研究的选题十分重要,不仅可以规划科学研究的方向和规模,决定科学研究的价值和效用,合适的选题还可以保证科学研究的顺利进行,若是自己感兴趣的选题,还有利于调动人的主观能动性。

2.1　选题的原则

当我们进入确定研究主题的过程时,有几个关键的原则需要考虑。

1. 必要性和科学性

这意味着所选的课题首先应满足社会、经济等外部需求,并与当前科学知识的发展状况相匹配。其次,必须确保课题的科学性,这要求课题必须符合科学理论和客观规律,并且有明确的指导思想和理论支撑。为避免伪科学的陷阱,任何基于迷信或荒诞的课题,或者与科学原理存在根本矛盾的课题都应被排除在外。

2. 创造性和可行性

一个好的研究课题应具备一定的创造性。这不仅仅是说课题本身要有新颖性,更重要的是,通过这个课题的研究,我们可以发现或完善之前的知识,而不是单纯地重复已有的研究。在可行性方面,研究者需要充分考虑自己的知识结构、研究方法和能力,以及研究所需的各种资源,如人力、物力和财力。特别是对于需要做实验的研究,研究者还需确保有适当的实验条件和设备。

3. 研究者的兴趣和价值

在选题过程中,研究者的兴趣和情感也是不可忽视的因素。研究者应选择自己感兴趣的课题,这不仅可以增加研究的乐趣,还有助于提高研究的效率和质量。最后,选择的课题应当具有明确的社会和学术价值,旨在解决实际的社会问题或推进学术领域的发展。一个好的课题不仅能体现其社会价值,还能体现其学术深度和广度。

为了更深入地理解如何选择和确定研究课题,建议学生阅读导师或课题组的论文,这可以帮助学生更好地了解研究方法和方向。

2.2 确定选题的过程

确定选题的过程通常如图 2-1 所示。从必要性、科学性、创造性和可行性四个关键点出发,获得研究领域内导师认可的研究主题,选择具有明显客观价值的主题可以更好地激励研究动机,重点考虑研究的可行性和价值(包括社会价值和学术价值),识别具有研究潜力的主题,帮助研究者确定是否选择特定的选题。

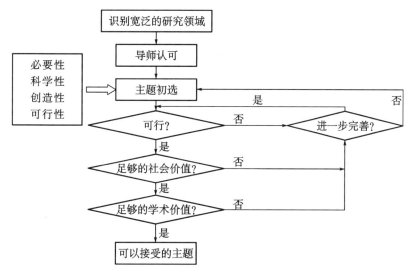

图 2-1 选题流程图

2.3 选题的途径和方法

在科学研究中,一个好的选题往往是成功的一半。选题不仅决定了研究的方向,也影响到研究的质量和意义。下面简要介绍五种常见的选题途径。

1. 在实践中提出选题

科学的发展史显示,许多极其重大的发明、创造都是源于在实践中所萌生的研究课题。选题的途径之一是从实践中提出,包括从科学技术实践中提出和从社会生产实践中提出,如图 2-2 所示。从科学技术实践中提出的问题大多是科学自身发展中的问题,主要是为获得现象和可观察事实的基本原理,对事物的特性、结构和相互关系进行分析而产生的问题。比如,有些问题是为寻求经验事实之间的联系并做出统一解释而产生的。

从社会生产实践中提出的科学问题大多是实用性或技术性的科学问题,这些科学问题往往是为了满足生产和实际生活的需要,或者为了确定某些基础研究成果的可能用途而探索它的现实性或如何实现的问题。比如在服装行业中,科学技术实践所带来的问题与求解经常与材料学、工艺技术、人体工学、环境保护等领域学科交织在一起。以"智能穿戴"为例,这是近年来科技与服装结合的热门方向。随着移动互联网、物联网和微型传感器技术的飞速发展,人们开始思考是否可以将这些技术集成到日常穿着的衣物中,从而使衣物不仅仅是遮羞和保暖的工具,还可以具备某种"智能"功能?为了寻求答案,研究者开始深入研究纺织材料,希望找到可以将传感器、电池和其他微电子设备无缝集成到其中的方法。这需要对材料的导电性、弹性、透气性和舒适性进行深入分析。

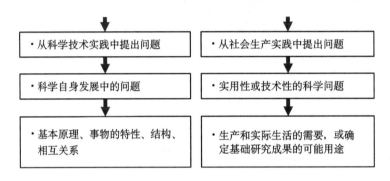

图 2-2　从实践中提出问题的途径

2. 从日常生活中寻找选题

从日常生活中寻找选题需要注意的是,作为科研选题并不是一些表面的肤浅的问题,而是那些在一定深层次上的有价值的问题,需要一定的思考,甚至调查研究才会发现。现实的需要是科研课题的首选目标,我国当前的服装产业领域就有很多问题迫切需要解决,比如纺织服装生产过程中的污染问题、服装生产的质量问题、服装消费里的可持续问题等。

3. 从专业心得体会形成选题

学生可能对学习过程中某些课程内容有着自己的心得体会,那么,也可以将这些心得体会理论化、系统化,并抽象成学术问题。

4. 从研究兴趣中选择课题

兴趣是最好的老师。这里的研究兴趣是指对某一学科领域的热爱、迷恋,而产生的强烈追求与探索精神。这种追求与探索精神会使自己沿着选定的研究课题,孜孜不倦地钻研。有兴趣的选题会使你在收集、整理资料乃至写作过程中都充满快乐,这样的研究过程就是一次愉快的劳动。

5. 从研究进展中获得选题

研究文献的来源包括研究领域已有的学位论文、学术和专业期刊上的文章、会议论文集、书籍或者书评、研究领域的文献综述等。

学位论文通常都会包含有对进一步研究的建议。类似地，绝大多数的期刊文章也会指出未来需要做的工作，如外文期刊里的最后一个章节通常为结论与未来研究。并且，如果是近期的文章（在研究工作完成后的一年左右时间出现），那么，这些文章就更需要引起注意。各种研究报告，特别是政府资助的研究报告，也总是会包含一些可以作为研究依据的建议。书籍因能够提供特定研究领域大量而详尽的内容，在学生的研究过程中起着非常重要的作用。当然，书籍也同时存在着缺点，它们所提供的内容一般都没有近期刊物等来源新颖，并且一般也都已经被其他学生所了解。需要注意的是，书评的作者通常都会给出书籍对于知识的贡献程度评价，从而为寻找研究主题的学生提供有益的帮助。

选题的常规方法有实践法、验证法和比较法三种。

（1）实践法着眼于解决现实世界中的问题。从实际应用中提取科学和技术的疑问，然后采用已有的理论知识来研究和解决这些问题。包含以下步骤：

① 现实观察：观察日常生活中的现象和问题。

② 问题提炼：从观察中提取具体的科学和技术问题。

③ 应用理论：运用现有的理论知识来研究这些问题。

④ 实践验证：将研究成果应用于实际，验证其有效性。

（2）验证法主张研究者应该基于事实和数据进行科学研究，而不是基于纯粹的想象。步骤如下：

① 确定问题：首先确定要研究的具体问题。

② 数据收集：对相关的事实、证据和数据进行收集。

③ 分析验证：通过数据和事实进行深入分析，验证假设。

④ 结论提炼：基于数据和分析得出结论。

（3）比较法依赖于对现有研究的综合和比较，通过对比分析找出尚未解决的问题或新的研究方向。步骤如下：

① 文献阅读：阅读和收集与研究主题相关的文献。

② 辩证分析：对文献中的观点和数据进行深入的分析。

③ 比较鉴别：比较不同文献中的观点，找出差异和相似之处。

④ 确定研究方向：基于比较和分析确定新的研究方向或尚未解决的问题。

2.4 开题报告的撰写

开题报告,作为学术研究项目的起始阶段,是在确定研究方向后,基于充分的文献调研撰写的一份论述性报告。此报告不仅是论文构想的文字体现,而且是研究者向专家、学者及科技人员提出的初步研究方案。因此,开题报告的篇幅应适中,重点在于清晰阐述选题的依据、研究方法和理论适用性,以便专家提供建设性意见和建议,助力课题的顺利进行和成功完成。它也常作为毕业论文答辩委员会对学生答辩资格的审查依据之一。

1. 开题报告的主要作用

(1)撰写开题报告的主要目的是促使研究者理清研究思路,完善研究设计。通过开题报告,研究者可以梳理和总结自己对课题的理解和准备工作情况,使研究目标、步骤、方法、措施、进度和条件得到明确的表述。

(2)开题报告规定了研究的具体内容和步骤,对整个研究工作的顺利开展起到关键作用。良好的研究计划有助于明确研究方向,避免研究过程中的方向迷失,确保研究工作有条不紊地进行。

(3)开题报告的主要目的是证明所选课题具有研究价值,研究者具备相应的研究条件和能力,以及如何展开研究。这是对课题的一个全面论证和设计,意在证明研究题目的新颖性、理论补充性,以及研究者的能力。

(4)开题报告不仅展示了研究者的科研知识和能力,也是选题阶段的重要文字表现。它是连接选题过程中备题、开题、审题及立题四大环节的关键纽带。

撰写开题报告是科研项目启动的关键步骤,其质量直接关系到研究工作的顺利进行。开题报告不仅体现了研究者对课题的理解和规划,也是对项目可行性的初步展示。撰写开题报告前应深入了解该领域的现有研究,确保研究的新颖性和创造性。研究应基于现有成果,探索未解决的问题或提出新的研究思路。此外,要掌握研究领域的基础理论,理论知识的掌握是进行深入研究的基石,有助于深入理解研究主题,指导研究实践。

2. 开题报告写作规范

1)题目

题目需准确反映研究内容,简洁且具有新颖性。应避免使用模糊或夸大的表述,明确地指出研究的范围和焦点。

2)绪论

简要说明研究的背景、重要性、以往的研究成果和采用的研究方法。绪论为读者提供了对研究内容的全面理解。

3）选题的目的与意义

选题的目的与意义是回答"为什么要进行此研究"的核心问题。这涉及对研究问题的基本概念、背景、关键性问题的解释，以及解决这些问题的重要性。研究的背景部分应涉及研究的起因、受到的启发，以及选择这个主题的价值和目的。在此部分，应当首先讨论实际需求，即由现存问题推导出研究的实际意义，然后再讨论理论和学术价值。内容应具体、客观且针对性强。

4）文献综述

文献综述部分应包括国内外研究现状的全面分析。综述要综合分析学术观点和理论方法，并对文献资料进行有逻辑性的归纳整理。撰写文献综述时，应注重文献的相关性和广泛性，避免过度局限或泛泛而谈。此外，应特别注意文献阅读的分析性和发现问题的能力，同时也要善于发现并利用与个人观点不同的学术观点。

5）拟解决的关键问题和创新点

拟解决的关键问题和创新点是研究的主攻方向和研究目标。这包括在综述研究动态的基础上提出的新理论、技术问题或方法问题。研究应突出重点，阐明与其他研究的不同之处和创新点。

6）研究方案

研究方案应详细说明如何解决所提出的问题，包括实验材料、研究方法、路径等。研究方案应展示研究的可行性，包括研究目标的明确性、研究内容的全面性和方法的适用性。此外，还需分析研究条件，如仪器设备的可用性、协作单位的分工以及所需资源的可获得性。

7）研究的进度安排

应制定详细的工作计划和时间表，确保研究的连续性和及时性。可以采用甘特图等工具来清晰地展示研究中各活动的持续时间和顺序。

同时，还需注意在撰写开题报告时避免常见的陷阱，如研究主题范围的不适宜、缺乏清晰的目标陈述、使用过多的技术术语等。

第三章

如何写好文献综述

在多个专业领域,研究生教育的一个核心能力在于掌握撰写文献综述的技巧。无论是作为作业的一部分撰写简短评论,还是作为学位论文的一部分,学生们经常面临的挑战是将大量分散的文献信息整合成结构严谨、批判性强的综述。文献综述不仅是简单地汇总信息,而是要深入分析、批判和反思现有的研究成果。

3.1 文献综述的分类和特点

文献综述需要让读者明白这个课题研究目前进展到什么程度、主要的观点是什么、对这个问题的认知是如何发展起来的、研究依据的主要理论有哪些、实证研究对相关理论都有哪些贡献、如何推动理论在本领域的应用和发展等。

文献综述大致可分为三大类:

(1)作为课程作业的一部分,可能是对特定主题的扩展论文,以展现对该领域的掌握和为论述提供背景,或作为研究技能作业的一环。

(2)独立论文,可能基于先前参考文献,提出结构化的论点和批判。

(3)毕业论文中的第二章,作为提出毕业论文选题的研究基础,并以此提出论文的选题依据、需要解决的问题和创新之处等。

文献综述的性质根据学科专业而异,因此在开始写作前应咨询导师,并通过检索所在领域的论文了解所需内容。鉴于服装设计与工程类研究论文多为实验性研究和实证性研究,以此为例进行阐述。

1. 实验性研究的文献综述

对于实验性研究,文献综述在整个研究中占有举足轻重的地位。文献综述不仅为读者提供了背景知识,还为研究者提供了实验设计的方向。在开始撰写之前,研究者需明确文献综述的目的,包括提供背景信息、定义重要概念、概述现有的研究方法和结果,以及确定研究空白或矛盾。基于研究目的和问题,评估和筛选出最相关的文献。注意评估每篇文献的研究方法、样本大小、结果和结论的有效性和可靠性。按照时间线、研究方法、结果类型或其他逻辑结构来组织文献,从而为读者提供一个清晰、连贯的文献背景。

因为研究是实验性的,所以应该关注文献中描述的实验设计、使用的方法和技术、实验条件、控制措施等。这些细节对于实验设计和方法选择非常重要。同时,在文献综述中指出不同研究之间的相似性和差异性。特别是关于实验方法和结果,有助于突出所从事的研究课题的独特性和价值。

2. 实证性研究的文献综述

实证性研究的文献综述一般包括相关理论研究和相关实证研究回顾。相关理论和实证研究综述是一篇学术论文的关键部分,是文章提出具体研究问题和佐证为什么要研究这些问题的基础。只有对文献中相关理论进行很好的回顾,作者才可能找到本研究所立足的理论框架并结合理论进行具体的逻辑分析和推理,以期对相关理论进行讨论和拓展。

实证性研究的文献综述中除了相关理论外,还需要对文献中相关的实证研究进行系统的回顾,目的是总结已有研究的结果,在总结的基础上发现目前文献中出现的问题,例如,一些研究结果中的不一致、矛盾的地方以及出现的研究空白等,据此确定自己的研究问题,以期对相关问题进行澄清,对文献有所贡献。

对相关理论和实证研究进行文献综述具有以下目的:

(1)总结与课题相关的研究成果,包括每个研究所涉及的具体问题、研究思路以及研究结果等。

(2)在总结的基础上,将所综述的每个研究与整个文献相关联,并且对每个研究在文献中的贡献加以评述,如对文献进行有意义的扩展等。

(3)通过对相关文献的回顾,建立研究的框架体系。通过这个框架体系,明确地界定文献中每个研究的具体结果是什么,在该框架中处于什么位置,并且能够和文献中其余研究的结果相对比;同时,可以清晰地了解到所要进行的研究对于文献的重要性和贡献。

文献综述的目的如表3-1所示,文献综述期望达到的效果是令读者对过去的研究所涉及的具体问题、研究手段以及研究的主要发现和结论有所了解;让读者知道过去相关研究的缺陷和不足,从而显示所进行的研究的意义、理论和实践的价值,以及拟进行的研究将如何对文献有所贡献,甚至在研究设计思路和具体程序上的改进。

表3-1　文献综述的目的

展现对该领域的全面且专业的掌握	● 识别相关文献 ● 识别关键思想、思想流派、观点和问题 ● 表现出对该领域主要理论的理解以及如何应用这些理论 ● 评估先前的研究 ● 避免无意中重复另一项研究

证明研究的合理性	● 确定当前研究的差距 ● 确定研究的需求 ● 帮助定义研究的重点和界限
证明方法的合理性	● 讨论前人主题的研究方法 ● 将自己的研究置于上下文中 ● 解释你选择的理论框架和研究方法
以适当的学术风格整合文献	● 提供一个结构良好、遵循逻辑进展的说明 ● 提供一个论证充分的说明来支撑你的研究问题 ● 提供一个写作良好、经过精心引用的说明

3.2　文献来源

当进行文献综述时,确保引用和参考的文献是权威、准确和相关的是非常关键的。以下是几种常见的文献来源:

(1) 学术期刊:学术期刊是学者们发表研究成果的主要渠道。这些研究经过同行评议,保证了其内容的权威性。根据所研究的领域,可以选择相应领域的期刊,可参考附录中提供的相关领域的期刊列表。

(2) 学术会议:许多学者首次公开的研究是在学术会议上。会议论文集通常包含参与会议的学者的研究摘要或全文,这是获取最新研究动态的好途径。

(3) 博士与硕士学位论文:这些论文往往对特定课题进行深入研究,提供详尽的文献回顾和研究方法,是一份宝贵的资源。

(4) 学术数据库:如 CNKI、Web of Science、PubMed、Google Scholar 等,可以提供大量的学术文章、研究报告和其他文献资料。

(5) 政府和行业报告:这些报告通常基于大量的数据和研究,提供关于特定主题或行业的综合性信息。

(6) 参考书籍:书籍可以为读者提供宽泛的背景知识,帮助读者理解和定位特定的研究问题。

选择合适的文献来源并批判性地评估文献的质量和相关性是文献综述成功的关键。当从这些来源收集文献时,研究者应注意评估文献的质量和相关性,确保所选择的文献与研究主题紧密相关,并可以为研究提供有价值的信息和观点。

3.3 文献评估

1. 评估文献的相关性

表 3-2 所示的简单量表是评估你找到的来源的相关性的有用工具。表 3-3 为具体的示例，以"VR 对服装消费者的行为影响"为题的研究为例，对四篇相关文献进行评估。

表 3-2 相关性评估

分类	相关性
1	● 重要的相关文献,例如: ➢与主题直接相关的文献 ➢属于关键研究工作、被频繁引用的文献 ➢为未来研究奠定了基础的文献 ➢需要充分注释的文献
2	● 相关的文献,例如: ➢需要包含,但可能只是简要提及的文献 ➢用于支持背景的文献 ➢与其他研究类似的文献——可以包括在分组引用中 ➢某些只需要简要地突出其中有用的背景信息的文献,在文献数据库中留下简要的注释
3	● 边缘文献,例如: ➢可能值得包括在内的边缘文献 ➢潜在的相关文献 ➢不太可能需要比数据库注释更多信息的文献
4	● 不相关的文献,例如: ➢有引人注意的标题或摘要,但内容与您的主题不相关的文献

表 3-3 基本数据库示例

作者	标题	主题	观点	评价 1-4
Wu and Kim, 2022	Users' Perceptions of Technological Features in Augmented Reality（AR）and Virtual Reality（VR）in Fashion Retailing: A Qualitative Content Analysis	提出虚拟现实技术功能的 4 个维度	用户对 VR 技术特征的感知包括 4 个维度:临场感、模拟器不适、视觉不适和用户控制	2-关于 VR 特点的定性研究
Lau and Ki, 2021	Can consumers' gamified, personalized, and engaging experiences with VR fashion apps increase in-app purchase intention by fulfilling needs?	激发用户使用 VR 时尚应用程序需满足两个需求	时尚 VR 应用程序利用其游戏化和个性化功能对消费者产生了积极的营销效果	1-提出 VR 时尚应用程序作用的一种途径框架

（续表）

作者	标题	主题	观点	评价 1-4
Xue et al., 2020	How to design fashion retail's virtual reality platforms	指出 13 条具体的 VR 平台设计准则	用户喜欢生动且具有真实的产品特征的购物环境，而不是普通的模拟环境	4-讨论 VR 平台设计准则
Wu et al., 2021	Personalizing 3D virtual fashion stores: Exploring modularity with a typology of atmospherics based on user input	研究个性化 3D VR 的氛围类型学	基于寻路导航、环境和产品展示方式 3 个氛围大类，确定了个性化 3D 虚拟商店的 17 个模块和 207 个模块选项	3-只关注模块类型，不讨论 VR 如何影响消费者

对于研究者而言，评估文献的时间是一个有用的考量因素，因为在后续的研究过程中，可能会发生以下方面的变化，从而影响对文献相关性的看法：

（1）新的主题方面：作者可能在后续的研究中意识到，之前没有考虑过的主题方面现在应该被纳入考虑。这可能是因为研究的焦点发生了变化，或者作者对领域的理解逐渐深化。

（2）影响力文献：随着广泛阅读的进行，作者可能会发现某些文献对其他文献产生重要影响，并且需要在文献综述中进行详细讨论。这些文献可能会引发新的见解或研究方向。

（3）论点的演化：研究的重点可能会随着研究结果的出现而发生变化，因此原本看似不太相关的文献材料可能会变得更为重要。这可能导致对文献的重新评估和重新考虑。

2. 评估文献的优势和劣势

在编写文献综述时，必须对文献的质量进行评估，并在适当的情况下提出评估。评估的方法因学科而异，因此了解学科领域的要求至关重要。例如，历史批评会考虑作者对历史证据的解释是否准确，以及对结论的支持程度。而社会科学或科学批判研究则会关注所采用的研究方法或理论是否合适，是否讨论了研究的局限性，以及结论是否得以有效支持。

有时研究生可能会感到难以在广泛的范围内评估文献，因为他们不仅需要考虑个别文献的质量，还需要考虑领域研究的整体趋势。这包括哪些领域已经成熟，哪些领域仍有待研究，以及为什么某些方面还没有得到充分研究的问题。

建议考虑以下几点：

（1）其他研究者的观点：了解你所阅读的文献如何被其他研究者评价。他们对你所研究的材料有何看法？你是否同意他们的观点？

（2）数据库中的差异：研究不同研究方法、分类形式和主题等如何在你的数据库中建立起来。是否存在某些领域或主题缺乏充分研究的情况？

随着阅读范围的扩大和对领域专业知识的积累，你将更容易对该领域的文献形成综合的认识，并能够做出全面的结论。

3.4 文献综述的撰写步骤

文献综述是对文献资料进行系统、全面的叙述和评论，通常是在全面搜集有关文献资料的基础上，经过归纳整理、分析鉴别，对一定时期内某个学科或专题的研究成果和进展进行综合评述。文献综述通常以两种形式呈现，分为综合性综述和专题性综述。综合性综述面向某个学科或专业，而专题性综述则聚焦于特定的研究问题或研究方法和手段。

文献综述的主要特征在于其依赖深入分析历史和当前研究成果，旨在指出当前研究的水平、动态、存在的问题以及未来的发展方向。文献综述还包括提出作者的观点、意见和建议，依据相关理论、研究条件和实际需求。它对各种研究成果进行评述，为当前研究提供了基础或条件。一篇成功的文献综述能够以其严谨的分析和有根据的趋势预测，为新课题的确立提供有力的支持和论证。

文献综述的内容通常包括五个部分，即绪言、历史发展、现状分析、趋向预测和建议、参考文献目录。这些部分的内容会根据所研究的主题和领域的不同而有所调整。

评估文献的质量是文献综述过程中的关键步骤，主要包括以下几个方面的要求：

① 搜集文献时要客观且全面，确保覆盖相关的文献资料。

② 材料与评论要协调一致，确保文献的内容与评价相符。

③ 文献需要针对性强，与研究主题紧密相关。

④ 文献综述应提纲挈领，突出重点，避免冗长和不必要的内容。

⑤ 在适当的情况下，可以使用统计图表来支持文献综述的论点。

⑥ 在评价文献时，必须区分文献中的观点和作者个人的思想，不混淆两者。

文献综述的编写通常包括五个步骤：

① 确定综述的选题，包括确定主题区域、描述问题、阐释研究差距、提出研究问题等。

② 收集相关的文献资料，使用合适的检索策略和数据库获取相关文献。

③ 整理文献，根据文献的相关性和重要性，评估是否需要详细记录信息。

④ 撰写综述初稿，按照预先规划的框架结构组织文献综述的内容，确保与论文的其

他部分保持一致。

⑤ 修改综述初稿,确保语法和拼写正确,引用和参考文献格式符合学科要求,最终完成文献综述。

在整个文献综述的过程中,需要不断评估文献的相关性和重要性,根据这些标准决定记录的详细程度,以提高文献综述的质量和有效性。同时,建议使用文献管理软件来管理参考文献,以便生成参考文献列表和文本引用,确保引用风格符合学科规范。最后,文献综述的文本应以清晰简洁的学术风格书写,避免使用日常用语,确保语法和拼写正确,句子流畅且有逻辑。

1. 确定综述的选题

在确定文献综述的选题时,需要经过以下步骤:

(1) 确定主题领域:以简明的措辞描述研究主题或领域。

(2) 描述问题:提出一个具体可解决的问题。

(3) 阐释研究差距并证明研究的合理性:识别未经探究或未解决的问题,并为研究的必要性提供论据。

(4) 提出研究问题:通过提出关于"是什么"、"为什么"、"何时"、"何地"、"谁"和"如何"等问题,形成具体的研究问题。

在缩小研究主题时,建议与导师进行交流、进行头脑风暴、阅读课堂笔记和最新期刊,以帮助确定和精细化研究主题。在这个过程中,应避免只回答"是"或"否"的问题,而要选择那些能够引发深入思考的问题。

2. 收集相关的文献资料

检索文献的起点通常是利用学校图书馆或专业数据库。可通过学校图书馆网站或相关专业网站获取检索策略、数据库和参考指南。

文献检索的步骤包括:

(1) 确定研究的三到四个核心问题。

(2) 确定文献选择的标准(例如:在特定日期范围内发表的文章,关注特定的地理区域,或使用特定的方法)。

(3) 使用关键字搜索图书馆或其他数据库(使用通配符" * ")。

(4) 通过最近发表的文章和评论的参考文献列表,可以找到其他有用的论文。

(5) 还需要包括与你的观点相反的研究文献。

3. 整理文献

在详细阅读或打印文献之前,需要评估文献是否与研究问题相关。表3-4提供了文献需要快速检查的关键区域。

表 3-4 预览指南

摘要	摘要通常位于大多数学科文章的开头。尽管摘要是一个不错的起点,但有时过于简化,缺乏实质性帮助
前言或简介	前言或简介解释了作者的主题和论点,并引导读者进一步阅读
标题和副标题	标题和副标题可以提供关于文章结构和内容的有用提示
主题和论点句子	通读每个段落的第一句话,以快速总结内容
讨论	许多学术论文的讨论部分在前文的研究背景基础上检验作者的研究发现
结论	结论部分通常总结了作者的论点并对其意义进行了评价

在阅读文献时,需要特别关注以下几点:

(1)一些或大多数研究人员共同的假设。

(2)研究人员使用的方法、测试程序、测试对象和测试材料。

(3)该领域的专家,包括经常被引用的学者和实验室。

(4)相互矛盾的理论、结果和方法。

(5)理论的流行程度以及随着时间的推移是否发生变化。

为了有效地记录和组织收集的文献,建议按照作者和年份的顺序进行存储,并使用不同颜色的标记来快速识别不同类别的材料。另外,有效地管理参考文献记录对于文献综述的成功至关重要。使用文献管理软件如 Endnote 或 Zotero 可以方便地生成参考文献列表和文本引用。

4. 撰写综述初稿

为了高效撰写文献综述,建议在研究的早期规划其结构,并在整个研究过程中不断扩展和调整该计划。在开始文献检索之前,建议根据已有的想法和定义的关键词制定一个框架结构,该框架将指导整个文献综述的撰写。在撰写文献综述时,需要对每个部分和整体进行最终分析,包括评估文献的发展路线、矛盾的证据、研究空白等,确保文献综述与论文的其他部分(如引言、研究结果讨论和结论)保持一致性。在整个论文写作过程中,文献综述的内容和评价可能需要根据研究的进展进行调整。

5. 修改综述初稿,并完成文献综述

(1)阅读每个段落的主题句,确保它们清晰地表明你文献综述的要点。

(2)为论文的每个部分制定大纲,并决定是否需要添加信息、删除不相关的内容,或者重新组织段落。

(3)大声朗读你的论文,以识别需要标点符号来表示句子中的停顿或分隔的地方,查找语法错误,并确保句子流畅且有逻辑。

(4)确保所有引用和参考文献都是正确的,引用的格式符合你的学科要求。

（5）检查文献综述是否存在抄袭，无论是未引用信息来源还是直接引用他人的语句。

（6）文本应以清晰简洁的学术风格书写，避免使用描述性语言和日常用语，同时注意语法和拼写错误。句子应流畅而有逻辑。确保参考文献列表中的信息完整且格式正确。

3.5　文献综述与其他章节的联系

为了确保文献综述的一致性和逻辑性，在独立的章节中讨论文献的论文类型时，必须注意参考其他章节中的文献。因为文献综述通常是在一个较长的时间跨度内编写的，因此需要特别注意确保其中的讨论在整个综述中是一致的。

首先，我们可以将文献综述分为三个主要章节：介绍性章节、研究结果的讨论和结论。这些章节在整个文献综述中有不同的职能，但它们之间必须保持一致性。

在介绍性章节中，通常是从一般到具体的进展，提供了背景材料以引入论文的主题。然而，这一部分可能包含非常笼统的背景材料，不必在文献综述的其他部分中重复提及。相反，介绍性章节应包括对该主题的先前研究的评论，以表明当前的立场和研究的需求，但这些需要在后续章节中得到更详细的证实。

在研究结果的讨论章节中，对研究结果及其意义进行讨论时，需要将其放置在先前研究的背景下，以清楚说明哪些结果支持文献综述的内容，哪些与之不同，哪些是新的，还有哪些需要进一步研究。此章节不应包含在文献综述中未提及的新参考文献。此外，现在可能需要对文献综述中提到的某些文献进行更详细的讨论。在阅读讨论章节时，最好在旁边放置一份文献综述，以确保对文献来源的评价是一致的。

最后，结论章节与讨论章节类似，不应首次提及文献，任何评论都应与文献综述中的内容保持一致。

要进行有效的文献有机整合，可以采取以下方法和建议：

（1）确定文献综述的结构和框架，根据研究主题和目标确定合适的组织方式，如按时间线、研究方法、理论框架或主题。

（2）识别主题和趋势，找出文献中的研究主题和发展趋势，以帮助确定重要的文献和组织它们。

（3）比较和对比，指出不同研究之间的相似性和差异性，包括方法、结果和理论的对比。

（4）总结和归纳，最后总结主要观点、发现和趋势，同时指出研究领域的研究空白和未来研究方向。

（5）批判性思考，对文献的方法、数据和结论进行批判性分析，不盲目接受所有结论。

（6）建立联系,确保文献之间有流畅的过渡,使用过渡句和桥接词来连接不同的研究。

（7）强调关键文献,确保重要的、基础的或开创性的研究得到适当的关注。

（8）保持客观和中立,不受个人偏见影响,公正地呈现各种观点和研究。

（9）不断更新和修订,定期回顾和更新文献,以保持文献综述的时效性和相关性。

通过以上方法和建议,可以更有效地整合文献,构建一个连贯、深入且有说服力的文献综述。

第四章

科学研究方法

科学研究方法是用科学的理论、原则和手段来指导和进行科学研究的方法。科学研究方法多种多样,各种方法在科学研究的过程中有各自的特点和作用。

本章将介绍科学研究中的常规方法,也是在服装领域用得比较多的科学研究方法。

4.1 调查和抽样

调查是在一定的理论指导下,通过观察、列表、问卷、访谈、个案以及测验等方法,搜集研究资料,从而对客观世界的现状做出科学的分析和认识,并提出具体的工作建议的实践活动,同时也是一种研究方法,多适用于研究现实问题,更适用于描述一个大的总体的性质、倾向和态度。调查有以下三个主要特征。第一,调查覆盖面广、包容性强;第二,在特定的时间点进行调查;第三,是实证研究。

1. 调查法的适用情境

调查法适用于以下情境中:为科研人员提供研究课题的第一手资料和数据;为决策部门制定政策、法规以及进行改革提供实时依据;了解现状,发现新的课题、先进的经验和存在的问题,并提出解决问题的新见解。

在服装研究中,调查法是一种非常有用的研究方法,适用于多种情境:

(1)消费者喜好和需求分析:可以使用调查法来了解消费者对不同类型服装的喜好、购物习惯以及对可持续性、品质和价格的关切。通过开展消费者调查,可以收集有关他们的衣物购买决策的数据,包括购买频率、品牌偏好和购买渠道。这有助于企业更好地满足消费者的期望,改进产品设计,制定市场战略,以及提高客户忠诚度。

(2)可持续时尚研究:随着可持续时尚的兴起,服装行业越来越关注环保和社会责任。调查法可以用于了解消费者对可持续时尚的态度和行为。研究者可以设计问卷调查,以了解消费者是否愿意购买可持续材料制成的服装,是否愿意支持社会责任品牌,以及对可持续时尚的认知程度。这有助于制定可持续时尚战略和提高消费者的环保意识。

(3)市场趋势分析:服装品牌可以使用调查法来了解市场趋势和竞争对手的表现。

通过对潜在顾客进行调查,可以确定他们对新设计、新款式和新技术的需求。此外,品牌还可以调查消费者对竞争对手的品牌感知和满意度,以制定市场战略和定价策略。

(4) 品质和尺码调查:了解消费者对服装品质和尺码的需求对于品牌的成功至关重要。调查法可以用于收集有关消费者对不同品质水平的期望以及他们在尺码选择上的偏好的信息。这有助于品牌制定产品规划和库存管理策略,以确保产品符合市场需求。

(5) 产品反馈和改进:服装品牌可以通过调查法获取有关其产品的反馈信息。消费者的意见和建议可以用于改进产品设计、材料选择和生产工艺。这有助于提高产品质量和满足客户期望。

2. 调查类型

1) 问卷调查法

问卷调查法又叫填表法,是一种以书面或通信的形式进行调查的常用调查方法,调查者根据调查的目的编制问题或者表格,分发给相关人员进行填写,接下来进行收回、整理、统计和研究。问卷调查法得到的数据大多是定量数据。

问卷调查方法的主要特征包括:从某个调查总体中抽取一定规模的随机样本;资料搜集需要采用特定的工具,即调查问卷,且有一套系统的、特定的程序要求;研究得到的是巨大的量化资料,采用计算机软件进行统计分析,得出研究结论。

问卷调查法的主要用途包括:社会生活状况调查、社会问题调查、市场调查和民意调查。

问卷调查法的优点主要有操作相对简单,比较容易掌握,信息的产生和处理也比较容易,容易获得真实的信息,存留时间较长,便于反复核对和分析,调查成本也比较低,可以在较短的时间、较大的范围内收集到较为大量的信息。

问卷调查法存在一定局限性,比如问卷设计比较复杂,需要精心设计和反复斟酌。此外,回收率和有效率难以保证。在问卷调查过程中由于双方无法有效沟通,所以调查难以深入,同时有限的题项也限制了被调查者信息的反馈。

 案 例

消费者调查问卷

研究目的:探究虚拟形象广告中消费者感知价值对服装购买意愿的影响。

研究方法:通过焦点小组讨论确定选取特定品牌在社交媒体平台上发布的虚拟形象营销内容作为实验素材,并参考以往研究文献,设计了测量感知价值、品牌认知、品牌情感和购买意愿的量表。研究人员通过问卷调查收集数据。问卷分为三个部分。第一部分通过展示虚拟形象图例来解释关键词；第二部分调查消费者对不同虚拟形象营销内容的感知价值、品牌态度和购买意愿；第三部分收集个人特征信息，包括性别、年龄、学历、婚姻状况、职业和收入等。研究采用李克特七段量表进行调查，通过预调研和适当修正确保问卷的有效性。根据研究目的，研究人员希望在潮牌消费者和二次元受众人群中进行调查，故正式问卷在哔哩哔哩、AcFun 论坛和潮牌消费者微信群等网络平台进行发放，共收集有效问卷 351 份，有效回收率 73.4%。

案例来源：陈彩霞，朱文赫，邵丹，等. 虚拟形象广告中消费者感知价值对服装购买意愿的影响［J］. 丝绸，2022，59（05）：85-94.

 案 例 ────────────────

企业调查问卷

研究目的：探究时尚供应链中信息共享（IS）、供应链整合（SCI）、运营绩效（OP）和业务绩效（BP）之间的关系。

研究方法：研究人员进行了一项企业调查收集实证数据。调查问卷包括五个部分，首先收集了企业组织特征的基本信息，如员工人数、年度销售额、公司所在地和成立年份，以及受访者的工作经历和职位等特征，其余四个部分分别是供应链的信息共享、供应链整合、运营绩效和业务绩效相关内容。研究采用了以往研究中的成熟量表衡量这些构念，通过让受访者在李克特五段量表上的感知评估来估计，从 1 到 5 表示从完全不同意到完全同意。研究对象以中国纺织企业家协会会员为基础，仅选择了时尚品牌公司作为研究对象，排除了服务公司、制造公司和贸易公司其他类型的公司。公司的高层管理人员被选为受访者，因为他们直接参与组织事务的管理，对运营管理和公司绩效有直接了解。

案例来源：CHEN C，GU T，CAI Y，et al. Impact of supply chain information sharing on performance of fashion enterprises：An empirical study using SEM［J］. Journal of Enterprise Information Management，2019，32（6）：913-935.

2）访谈法

访谈法是通过访问或者座谈与被调查者进行沟通交流，以获取信息的一种方法，得到的数据同样是一手资料，属于定性数据，数据的分析对统计人员的专业素质要求较高。运用访谈法时，研究人员可以和被访问者进行面对面谈话，能使得研究人员及时得到信息反馈，及时深入发展和变化谈论的内容，并且谈论内容真实、可靠性大，便于分析和使用。一般来说数据的有效性和真实性比问卷法要高。

按照访谈的结构和控制程度来分，访谈法可以分为结构式访谈、半结构式访谈和无结构式访谈。

结构式访谈是一种以事先准备好的问题列表为基础的访谈形式。在结构式访谈中，研究者提前确定了一组特定的问题，并按照固定的顺序进行提问。这种类型的访谈通常用于收集定量数据，因为它可以帮助确保每位受访者都回答了相同的问题。结构式访谈的优点是能够提供一致的数据，容易比较和分析，但可能限制了受访者的自由回答。

半结构式访谈介于结构式访谈和无结构式访谈之间。在半结构式访谈中，研究者事先准备了一些开放式问题，但也允许根据受访者的回答进行追问和深入探讨。这种类型的访谈提供了一定的灵活性，使研究者能够进一步探索受访者的观点和经历，同时也保持了一些结构和一致性。

无结构式访谈是一种开放式的访谈形式，没有预先准备的问题列表。在无结构式访谈中，研究者通常只有一个广泛的主题或问题，然后根据受访者的回答和方向进行对话。这种类型的访谈提供了最大的灵活性，使受访者能够自由地表达意见和观点。无结构式访谈有助于深入了解受访者的个人经验和情感，但可能导致数据分析和比较的困难。

根据被访谈的人数进行分类时，访谈法可以分为一对一的访谈和一对多的焦点小组访谈。

一对一的访谈是研究者与单个被调查者之间进行的访谈，研究者可以获得被调查者的观点和洞察，并针对特定问题获得意见。这种形式的访谈常用于深入了解专家的专业知识、经验和见解，在一对一的专家访谈中，研究人员可以获得在专业领域的详细信息。

一对多的焦点小组访谈是研究者与多个参与者之间进行的访谈，参与者之间可以相互交流和讨论特定主题。这种形式的访谈可以促进参与者之间的互动和观点交流，通过群体讨论获取多样化的观点和交互式讨论结果。焦点小组访谈常用于市场研究、用户体验研究和社会科学研究等领域。

研究者可以根据研究目的、数据需求和可行性考虑，选择适合的访谈形式进行数据采集和分析。

3）社会调查研究中的观察法

科学观察是科学研究中一种最基本的研究方法，也是在科学研究中获得第一手资料和感性认识的必不可少的环节。

科学观察是人们根据研究课题，利用眼睛、耳朵等感觉器官或通过辅助仪器和其他科学手段，有目的、有计划地对明确的观察对象进行系统观察。系统观察力求全面，一般要有详细的、准确的记录，并运用已知的科学理论去判断观察的结果。

日常观察是通过看、触、尝、嗅等，消极接受外界对感官的刺激。多属于随意性观察，没有记录的要求。而科学观察具有目的性、计划性、系统性和重复性的特点。可见，日常观察是基础，科学观察是发展。科学观察可以获得第一手的感性经验材料，发现和提出科学问题,启发人们的思维,创造新的技术发明。不足之处是观察结果受观察者本人、观察对象和观察时间的限制。

按观察者的参与程度可将观察分为参与观察和非参与观察。非参与观察时研究人员以旁观者的身份进行观察,常见于市场营销、消费者行为学研究。进行非参与观察时,观察人员作为局外人,通常在不被观察对象察觉的情况下,观察人们的行为和表现。例如玩具厂商的研究人员可以观察儿童如何使用玩具,目前的非参与观察大多借助摄像设备将有关情景和活动录制下来,然后研究人员仔细观看和分析,比较不会干扰调查对象的正常表现,有助于获得真实的信息。参与观察是指研究人员以参与者身份进行观察,常见于人类学研究。进行参与观察时,观察者作为研究人群中的一员,从研究对象的角度来观察和解读有关活动、行为和现象。

对店内购物行为及其影响因素的研究过去主要局限于问卷访问的方式,这对于复杂的店内购物行为研究有明显的局限性。例如,人们通常不能准确地回忆当时的购物情景。一项对调味品的研究发现,访问时仅有19%的购物者表示曾经阅读过包装背后的文字。但是,实际店内观测中发现,大约53%的顾客会阅读。观察法通过在真实的购物情境中记录分析购物过程中顾客的关键行为及其影响因素,更加准确地了解消费者店内购买行为及其影响因素。

但是人工观察法耗时多、进度慢、成本高、主观性强,一度妨碍了观察法在科学研究中的应用,这一问题随着计算机程序进行录像数据的编码与处理的"计算机辅助观察法"的推广,得到了有效的解决。

按照观察实施时的人为控制因素可以分为自然观察/现场观察和实验观察。自然观察不对研究对象、环境和有关因素进行人为的控制,在尽可能接近自然的状况下进行的观察和记录,属于非控制性观察方法。实验观察指在人为控制的环境中进行系统观察的方法,其特点是要求对被观察者行为表现的一个或多个因素进行控制,从而发现这些影响因素与被观察者的行为表现之间是否存在因果关系。

社会调查中进行观察时要秉持客观、全面和典型性的原则。有了理论的指导,学会观察的方法,深刻观察,才能调查到主要特征。以下是采用观察法的策略:

(1)观察前有明确的目的和计划,防止盲目观察。

(2)观察前掌握相关的理论知识,深刻观察。

(3)选择不同的观察方式或观察顺序:"部分—整体—部分""整体—部分—整体"或"由远及近""由近及远"的方法,确保观察全面。

(4)学会运用各种感官进行观察,搜集更全面、真实的信息。

(5)用已有经验多角度多层次观察。

(6)对观察活动进行自我监控(观察前、观察中、观察后)。

3. 回应率

回应率是指在研究或调查过程中,受访者实际回应并积极参与的比例,是衡量研究质量和可靠性的关键指标。影响回应率的因素是多方面的,以下是五个主要因素:

(1)受访者的特征:受访者的年龄、性别、文化背景、受教育程度、职业等因素会影响他们是否愿意参与调查。某些人群可能由于时间紧张或其他原因而不太愿意参与,而另一些人可能更倾向于积极参与。

(2)研究主题的敏感性:研究涉及的敏感话题,如性别、宗教、政治信仰、收入等,可能会导致回应率下降。受访者可能会因担心信息泄露或社会压力而选择不回应。

(3)研究人员的身份和表现方式:研究人员的特征,如年龄、性别、社会地位、文化背景、外表和口音,可能会影响受访者是否愿意与他们互动。调查中需要确保受访者感到舒适,不会感到威胁或不安。

(4)调查接触方式:不同的调查接触方式(如邮寄调查、在线调查、电话调查)对回应率产生不同影响。未经预先通知的调查接触方式可能导致回应率降低,而提前通知和后续提醒可以提高回应率。

(5)社会环境和文化因素:社会环境中的言论自由和隐私权保护对于人们是否愿意参与调查和提供诚实答案至关重要。在一些社会环境中,威胁或恐惧可能会降低回应率。

为了提高回应率,研究人员需要关注以下三个关键问题:

(1)与相似调研的一致性:研究人员应与类似的研究进行比较,以确定回应率是否在合理范围内。方法、目标群体、研究主题、研究发起人以及之前的接触方式都应纳入考虑。这有助于评估回应率的合理性。

(2)采取措施减少未回应率:研究人员需要预测可能导致不回应的情况,并采取适当的措施来降低未回应率。这包括重新联系未回应的受访者,提供额外的信息或鼓励他们参与。

(3)分析未回应者的特征:研究人员应对未回应的受访者进行分析,了解他们是否与已回应者存在系统性和相关性上的差异。这有助于评估未回应者是否可能引入偏见,并采取适当的修正措施。

回应率是研究中的重要因素,影响着数据的质量和研究的可信度。因此,在研究设计和实施过程中,需要综合考虑上述因素,并采取措施以最大程度地提高回应率,确保研究结果的准确性和可靠性。

4. 抽样及其技术

抽样是指在研究中从人群中选择一部分成员进行数据收集的过程。抽样的基本原则是通过选择一定样本,不需要调查所有人,就可以得出准确的结果,同时达到节省时间和金钱的目的。

在抽样中,有两个重要的概念,即"群体"和"样本"。群体指的是正在研究的事物类别中的所有个体,样本是从群体中选出的参与研究的一小部分。

根据研究人员的目标,抽样的样本分为代表性的样本或探索性的样本。代表性样本与更大规模的调查和定量数据相关,旨在获得与人群相匹配的成分组合,并基于统计理论和随机选择的原则。代表性样本可用于从样本中推断关于整个人群的情况。探索性样本通常用于小规模研究,探索性样本的目的是为研究人员提供新见解和信息,可能包括不典型的例子。

选择样本的方法包括概率抽样和非概率抽样。概率抽样基于随机选择的原则,依赖于与事件正态分布相关的统计理论。概率抽样通常与大规模调查和定量数据相关联。非概率抽样不以随机选择为基础,而是基于研究人员的自由选择权。非概率抽样可以用于难以进行概率抽样的情况,或者当研究人员需要探索性样本而不是代表性样本的时候。

抽样框架包含研究相关人群的信息。它可以是姓名或地址列表,包含人群的所有成员,用于从中选择样本。例如正式组织的会员名单、电子邮件地址、员工记录等。在互联网调查中,寻找合适的抽样框架可能更具挑战性,因为互联网上的身份和联系点通常是临时的,不提供有价值的背景信息。然而,一些特定类型的电子邮件列表可能适合作为抽样框架。任何抽样框架都可能存在不完整或过时的问题。偏差可能导致样本的偏离和不准确性。例如,私人地址列表可能无法包括无家可归者,选民登记册可能不包括未登记投票的人。抽样框架还可能包含不应该存在的个体或排除了应该加入的个体,这些都会造成抽样框架的偏差。一个良好的抽样框架应该具备相关性、完整性、精确性和最新性的特点。

在进行服装相关研究时,抽样是一个关键的步骤,以下是一些在抽样过程中需要特别注意的事项:

(1)目标群体的明确定义:在服装研究中,首先需要明确定义研究的目标群体,包括他们的特征、时尚偏好、购物习惯等。这将有助于确定适当的抽样框架和抽样方法。

(2)选择合适的抽样框架:抽样框架应该能够涵盖目标群体的大部分成员,并且要具备相关性、完整性和最新性。例如,如果研究针对在线购物者,抽样框架可以是包含了在线购物者信息的电子商务网站会员名单。

(3)概率抽样与非概率抽样:根据研究目的和资源的可用性,选择合适的抽样方法。概率抽样通常更能代表整个目标群体,但需要更多资源。非概率抽样方法可以在资源有限的情况下使用,但可能会有一定程度的偏差。

(4)样本大小的确定:确定所需的样本大小,以保证结果的统计显著性和可靠性。

样本大小的选择应该考虑研究的目的、效应大小和抽样方法。

（5）随机性和随机选择：如果使用概率抽样方法，确保随机选择样本，以减少选择偏差。随机性是保证样本代表性的关键因素之一。

（6）调查工具的设计：在设计调查问卷或采访问题时，确保问题清晰明了，与研究目标相关，并避免引导性问题。这有助于获得准确的数据。

（7）抽样偏差的考虑：在分析研究结果时，要考虑到可能存在的抽样偏差。这意味着要评估样本与目标群体之间的差异，以确定结果的一般适用性。

（8）数据的合理性和可靠性：确保收集到的数据是合理的并且可靠。对于服装研究，可能需要考虑到受访者的诚实回答和社会期望的影响。

（9）伦理问题：尊重受访者的隐私和权利，确保研究符合伦理原则和法规，特别是在涉及敏感话题或个人信息的情况下。

1）常见的概率抽样技术

（1）随机抽样

随机抽样是一种每个个体有相等机会被选中的抽样方法。随机抽样具有相当具体的机制来确保选择过程是完全随机的。随机抽样的条件包括：有一个将从中抽取样本的已知群体；有抽样框架，即一个涵盖了群体中所有个体的列表，并且具有统一的标识可以进行样本抽取；需要有一个随机选择的过程，例如使用随机数生成器。

 案　例

随　机　抽　样

研究目的： 研究零售服装消费者的人口统计特征和心理特征，调查他们对零售店环境内外促销参考资料的使用情况。

研究方法： 研究人员使用随机抽样方法，抽取了 457 名男性和 170 名女性消费者作为参与者。数据收集分为两个阶段进行。在第一阶段，从一个包含 5 000 名男性消费者名单的样本中，随机选择了 800 名男性作为美国的全国随机样本。而第二阶段与第一阶段类似，但是针对女性消费者，随机选择了 400 名女性作为美国的全国随机样本，并通过邮件发送调查材料。这两个样本列表都是从纽约的全国人口及生活方式统计处购买的。每个参与者收到的信件都包含一份封面、问卷和一份已付邮资的回信信封。对于未回答问题的男性，后续发送了两封邮件；而对于未回答问题的女性，发送了一封后续邮件。通过这种方式，研究人员随机获取了全国关于消费者人口统计特征、心理特征以及他们对零售店环境内外促销参考资料使用情况的数据。

案例来源： KINLEY T L, CONRAD C A, BROWN G. Internal and external promotional references: An examination of gender and product involvement effects in the retail apparel setting [J]. Journal of Retailing and Consumer Services, 1999, 6(1): 39-44.

（2）系统抽样

系统抽样是在总体中以系统的方式选择样本的方法。例如，每隔一定间隔选择一个个体作为样本。这种方法也保持了随机性，但是具有更简单的实施步骤。研究人员必须确保列表没有任何顺序或模式，以免破坏随机选择的原则。

 案 例

系 统 抽 样

研究目的：基于国际品牌和本土品牌调查消费者对商品的产品质量、价格、品牌领导力和品牌个性的感知。

研究方法：研究人员在台湾台北火车总站入口外收集数据，由于入口数量较多，研究采用系统抽样方法选择火车站入口，每隔 10 个入口选择一个入口，进而随机对台湾居民进行调查。采用这样的抽样技术在现场实施时更容易操作，不需要复杂的随机抽样过程，同时也保持一定的随机性。研究最后共收集了 254 个样本进行数据分析。

案例来源：WANG S J, CHEN L S L. Consumers' attitudes towards different product category of private labels[J]. African Journal of Business Management, 2011, 5 (17): 7616-7621.

（3）集群抽样

集群抽样是以群体或集群为单位进行抽样的方法。通过随机抽样选择一些特定的群体作为样本，研究人员可以节省时间和成本，并且仍然保证样本的代表性。在集群抽样中，每个选定的群体都包含在样本中。集群抽样需要满足两个重要条件。首先，集群必须是预先存在、自然存在的群体。其次，每个集群都应该反映总人口的异质性。

 案 例

集 群 抽 样

研究目的：调查 Y 世代可持续服装的购买意愿。

研究方法：研究人员选择德国大学生作为研究对象展开调查。大学生属于 Y 世代，且过去的研究表明他们对环境的兴趣较高。为了确保样本都属于这一特定群体，研究人员采用两阶段整群抽样方法选择样本。研究编制了一份包含所有德国大学及其院系的名单，第一步选择大学，第二步选择院系，最终共抽取了 81 名德国学生的样本。

案例来源：KOPPLIN C S, ROESCH S F. Equifinal causes of sustainable clothing purchase behavior：An fsQCA analysis among generation Y[J]. Journal of Retailing and Consumer Services，2021，63：102692.

（4）多阶段抽样

多阶段抽样是将抽样过程分为多个阶段的方法。在每个阶段，从先前选择的样本中进一步提取样本。多阶段抽样常与集群抽样相关联，集群抽样使用每个集群中存在的所有个体，而多阶段抽样则从集群中选择一些样本。

 案 例 —————————————————————————————

多阶段抽样

研究目的：调查斯里兰卡某地区小规模（少于 20 人的工作环境）工厂对工人职业健康的服务情况。

研究方法：研究人员选择食品和饮料、服装、非金属矿产品和金属制品四个行业类别的工人作为研究对象。研究选择了年龄在 18 至 65 岁之间、至少全职工作了 6 个月的长聘工人，排除了孕妇和临时工。研究采用了 2003/2004 年的工业普查作为抽样框架，并确定了所需的样本量为 640 人。采用了与工人规模成比例的概率集群抽样方法，共选取了 80 个集群（工厂），又将每个集群中的样本数量定为 8，在每个工厂中选取 8 名工人进行调查。由于研究选择了小规模工厂作为研究对象，适用于以工厂为单位进行样本选择，同时，这样的抽样方法有利于在较少的样本量下获得代表性。数据采集使用了访谈法，收集了小规模工厂对工人职业健康的服务情况。

案例来源：SURAWEERA S. 36 Occupational health services for small-scale industry workers in a district of Sri Lanka[J]. Occupational and Environmental Medicine，2013，70：A12-A13.

（5）分层抽样

分层抽样将总体划分为几个层级（亚组），并在每个层级中使用随机抽样技术选择样本。分层抽样需要保证子群具有较高的同源性，因为它们需要有一个共同点可以用来将它们分离成清晰可识别的子群。此外，这一共同点必须与研究主题相关，且对于主题来说是重要的。这种方法可以确保样本在各个层级上具有代表性，从而提高总体的代表性。

 案 例 —————————————————————————————

分 层 抽 样

研究目的：研究感知教学质量对学生在线教育评分的影响。

研究方法：研究人员针对提供信息系统课程的四年制的美国大学和学院，使用分层抽样技术进行抽样。首先根据学校类别标准（参考 2018 年的卡内基高等教育机构分类），从每个阶层抽取样本。研究人员排除了仅授予学士学位的学院和特殊重点机构，仅选择授予博士学位和硕士学位的学院和大学，因为由于学校规模、资源和特殊教育使命（如文科），大多数学院都没有提供认证的信息系统课程或雇佣专业的信息系统课程教师。接下来，根据卡内基标准分为 5 个阶层，然后根据地理标准（美国 50 个州和哥伦比亚特区）在上述每组中选择了 50 所学校。该研究采用分层抽样法确保获得有代表性的样本，由于同一地区中的样本具有相似的特性，分层可以实现更高的精度。

案例来源： LI Y J, WANG X, VAN SLYKE C. Determinants of online professor reviews: An elaboration likelihood model perspective[J]. Internet Research, 2022, 33 (6): 2086-2108.

2）常见的非概率抽样技术

（1）配额抽样

配额抽样在市场研究中被广泛使用。它的工作原理与分层抽样类似，确定了被认为对纳入样本至关重要的某些类别，并根据这些类别在人群中的存在比例来抽样。然而，配额抽样在选择每个类别中所需样本的方法并不是严格的随机选择，而是由研究人员来决定谁来填补配额。例如，市场研究人员在街上拦住人们进行调查，但这些被选中可能是因为他们恰好在那里，而不是从已知人群中随机选择的一部分。这样的选择方法给研究人员省去了较多麻烦，且能确保关键类别中的样本与它们在更广泛群体中的存在成比例。

 案 例

配 额 抽 样

研究目的： 探究消费者对动物福利友好型产品的态度和支付意愿。

研究方法： 研究人员采用配额抽样法，以年龄、性别、教育程度和家庭背景作为受访者的配额控制变量。根据预先设定的配额来选择受访者，使研究人员能够在特定人口特征上获得足够的样本，以推断更广泛的人群的态度和意愿。根据调查目标，调查在八家出售动物食品的连锁超市展开，在超市的动物食品区单独进行消费者访谈。最终接受调查并通过纳入标准（食用肉类、鸡蛋和牛奶）的 843 名墨西哥消费者参加了这项研究。

案例来源： MIRANDA-DE LA LAMA G C, ESTEVEZ-MORENO L X, VILLARROEL M, et al. Consumer attitudes toward animal welfare-friendly products and willingness to pay: Exploration of mexican market segments[J]. Journal of Applied Animal Welfare Science, 2019, 22(1): 13-25.

（2）有目的抽样

有目的抽样是一种有针对性地选择样本的方法，通过关注相对较少但具有特定相关性实例，以获取最佳信息。研究人员在抽样中根据其已知属性故意选择可能提供最有价值数据的人或事件。该抽样方法的目的是通过使用先前的知识，确保样本中包含与代表性样本相似的广泛的个体。这种方法不仅可以提供有价值的信息，还降低了重复选择的可能性，在小规模调查中非常有用。

 案　例

有目的抽样

研究目的：调查孟加拉国 Y 世代有机食品的购买行为。

研究方法：研究人员采用有目的抽样方法，通过电子商务网站的在线调查挑选 26～41 岁的年轻消费者（Y 世代），在确认他们的出生日期后，向他们单独发送谷歌文档问卷链接。通过使用这种方法，研究人员可以确保样本中包含了代表性的 Y 世代消费者，从而在调查中模拟整个人群的特征。研究最终从 464 名孟加拉国年轻消费者样本中获得了初步数据。

案例来源：ZHENG G W，AKTER N，SIDDIK A，et al. Organic foods purchase behavior among generation Y of bangladesh：The moderation effect of trust and price consciousness[J]. Foods，2021，10（10）：2278.

（3）理论抽样

理论抽样是一种根据理论发展路径来选择实例的抽样方法。在每个阶段，根据新的证据修正或验证一个理论，并选择适当的实例用于下一阶段的研究。通过不断积累新的样本并获取足够的相关信息，研究人员逐渐掌握与正在开发的理论相关的知识。这种方法遵循逐步生成理论的过程，减少了重复选择的可能性，并逐步增加对研究问题的理解。

 案　例

理论抽样

研究目的：探究影响迁移到美国的印度消费者的再制品购买意愿的驱动因素。

研究方法：研究人员采用理论抽样技术，运用扎根理论对研究问题进行了探讨。研究通过个人接触确定并采访了在美国居住超过六个月的印度出生的消费者，并编写了一份初步访谈手册，其中包括一系列问题，例如关于受访者的人口统计信息（如年龄、性别、地点和在美国的停留时间）以及受访者对再制品的看法。此类问题的一个例子是"你多久购买一次再制品？"，这些询问有助于研究人员以有意义的方式将得到的回答结构化，并形成理论。随后,研究人员根据之前的操作重复进行,在初始访谈手册中添加新的问题,并使用理论抽样技术确定随后的受访者,以扩大研究范围并获取更多信息,研究共对45名迁移到美国的印度消费者进行了访谈。

案例来源：GAUR J, AMINI M, BANERJEE P, et al. Drivers of consumer purchase intentions for remanufactured products：A study of Indian consumers relocated to the USA[J]. Qualitative Market Research：An International Journal, 2015, 18(1)：30-47.

（4）滚雪球抽样

滚雪球抽样是一种通过参与者之间的引荐来逐步扩大样本的抽样方法。起初,研究可能只涉及少数几个人,然后每个人提名与研究目的相关的其他人。随着被提名者逐渐提名更多可能被纳入样本的人,样本的规模逐渐增大,就像滚雪球一样。滚雪球抽样是一种有效的建立合理样本的方法,特别适用于小规模研究项目。它的优点之一是通过乘数效应,快速积累样本量,因为每个人可以提名多个其他人。此外,研究人员可以与每个新的人取得联系,这种联系可以由提名人提供,增加研究人员的信任度和可信度。滚雪球抽样特别适用于没有任何采样框架的情况,常与定性研究中基于小规模探索性样本的使用相结合。在滚雪球抽样中,人们可以被要求提名其他符合特定选择标准、与研究项目相关的人,例如特定年龄、性别、种族、资格、居住地、健康状况等。

 案　例

滚雪球抽样

研究目的：探究真正关心环境的消费者在实际生态服装消费行为方面的表现。

研究方法：研究人员采用了滚雪球抽样方法招募参与者。首先通过向学生环境组织的成员和高校服装专业的学生发送邀请邮件招募参与者,以确保招募的参与者对环境保护有较高的兴趣,并具有环保服装购买经验。最初的七名参与者是根据他们积极回答环境问题并表示曾购买过环保服装而被选中的,且这七名参与者被要求每人推荐一到两名消费者。接下来,根据关心环境并具有环保服装购买经验的要求,另外选中了九名参与者。

案例来源：PERRY A, CHUNG T L. Understand attitude-behavior gaps and benefit-behavior connections in Eco-Apparel[J]. Journal of Fashion Marketing and Management, 2016, 20(1)：105-119.

（5）方便抽样

方便抽样是建立在研究人员方便的"第一手"选择基础上的抽样方法。在许多研究的抽样过程中,方便因素常常被考虑。由于研究人员的时间和资金有限,当存在两个或多个同样适合作为研究样本的选择时,研究人员通常会选择最方便的选项。例如,在有多个同样适合作为研究地点的集群时,选择距离最近的集群是常见的做法,除非有充分理由选择其他集群。方便抽样将便利性作为主要选择样本的依据,而不是次要依据,以追求快速、廉价和简便的优势。因此,方便抽样的关键优势在于其快速、经济和简单的特点。

 案　例

方 便 抽 样

研究目的: 研究消费者退回报废电子产品意愿的影响因素。

研究方法: 研究人员采用方便抽样的方法对电子零售企业的顾客发放了800份问卷进行调查,因为电子零售商公司是很容易找到更多受访者的地方,这些受访者是购买可重复使用、可维修和可回收电子产品的客户。

案例来源: KIANPOUR K, JUSOH A, MARDANI A, et al. Factors influencing consumers' intention to return the end of life electronic products through reverse supply chain management for reuse, repair and recycling[J]. Sustainability, 2017, 9(9): 1657.

5. 抽样技术的选择

根据上述抽样技术概述,研究人员面临着选择合适的抽样技术的决策。抽样技术可能完全消除了研究人员的主观影响(随机抽样),也可能完全由研究人员自行决定(方便抽样)。在这两个极端之间,有一系列不同程度遵循随机选择原则的技术可供选择。

抽样技术的选用涉及多个因素的考虑,其中包括研究人员的需求、研究目的、数据类型、样本规模以及可用资源的限制。在决定采用何种抽样技术时,研究人员需要针对以下核心问题进行深思熟虑:

- 研究的目标是生成代表性样本还是探索性样本? 这意味着研究人员需要明确确定他们的研究是否旨在通过样本来推断总体,还是仅仅是为了深入了解和探索样本中的现象。

- 在随机选择和主观选择的基础上进行抽样,哪种技术更适合实现研究目的? 随机抽样方法通常用于生成代表性样本,而主观选择方法可能更适用于探索性研究或在特定约束下进行抽样。

- 是定性数据还是定量数据更适合解决研究问题? 不同的数据类型可能需要不同的抽样方法,因此研究人员需要根据他们的研究问题来确定数据类型,并相应选择抽样技术。

- 是否有适当且研究人员能够访问的抽样框架可用? 抽样框架是抽样过程中的关键

因素,研究人员需要评估是否存在适当的、包含研究群体的详细信息的抽样框架,并能够访问该框架以进行抽样。

● 在有限的可用资源(包括时间和金钱)下,哪种抽样技术既可行又能够产生相关信息?考虑到资源的限制,研究人员需要选择既能满足研究需求又在资源范围内的抽样技术。

研究人员应根据研究需求和上述因素来谨慎选择最适合其研究目的的抽样技术,以确保样本的代表性和研究结果的可靠性。

6. 样本量的确定方法

样本量的计算涉及三种方法:统计法、务实法(对代表性样本使用非概率抽样进行小规模调查的方法)和累积法。统计法适用于大规模调查和概率抽样技术,例如民意调查和政府调查等涉及大量人口且耗资巨大的调查研究。务实法通常在小规模调查中使用,例如成本和资源有限的市场调查。累积法适用于小规模的定性研究,研究人员根据信息需求逐步增加样本的大小。

决定采用哪种方法时,研究人员需要考虑所需的样本类型,即代表性样本或探索性样本。对于代表性样本,通常需要较大的样本量,以确保样本具有较低的偏差,并涵盖与研究问题相关的各个方面。大样本量提高了样本的代表性,并增加了研究发现的信度。对于探索性样本,研究的规模通常较小,以便进行更深入、更详细的研究。探索性样本的大小取决于研究人员希望进行的深入探索程度,并且只需要足够的样本来获取所需的信息即可。

在考虑样本量时,研究人员还需要预测预期的回应率,即最终可用于分析的样本量与最初接触的样本量之间的差异。预测回应率的不同会影响最初的样本数量,并需要为未响应的情况预留余地。因此,在计算样本量时,这些因素都需要考虑进去,以确保获得可靠和有意义的研究结果。

1)统计法

统计法是一种用于大规模调查的样本量计算方法,它基于统计理论和正态曲线分布计算适当的样本量,取决于四个因素:研究人群的规模、预期准确度、对样本代表性的置信水平以及群体的变化程度。

人群规模较小时对样本量的影响较为显著,但当人口超过 5 000 时,人口规模的变化对样本量的影响不再那么大。社会研究人员通常会容忍 3% 或 5% 的误差,想要得到更准确的结果,如 1% 的误差幅度,则需要更大的样本量。

研究人员希望样本能够代表整个人群,而不是出现极端或不寻常的样本。通常希望达到 95% 的置信水平,即发生此类极端或不寻常样本的几率不到 1/20。

对于衡量特定属性(如投票意向)的调查,人口是均匀分配还是广泛分配很重要。较小的变化需要较大的样本量。研究人员可以通过回顾现有研究或进行预调查提前了解这一点。如果无法估计这一因素,应假设人口是均匀分配的。

综合考虑这四个因素,可以计算出所需的样本量。不需要研究人员了解具体的数学公式,因为网络上有许多免费的样本量计算工具可用。这些工具根据研究人员在置信水平和误差幅度方面的需求,清楚地显示所需样本量的变化。更高的置信度和准确性要求会需要更大的样本量。为了提高准确性,研究人员可能需要增加样本的大小。然而,样本量一旦达到一定大小,进一步增加样本的准确性优势相对较小,回报递减。

对于概率抽样调查,研究人员首先需要计算所需的样本量。然后,在实际进行调查时需要考虑两个因素:未回答的可能比例和最终数据中可能无法使用的样本数量。

 案　例

采用统计法确定调查样本数量

以一个人口规模为 10 000 人的研究群体为例,置信水平为 95%,误差幅度为 5%,需要 370 个样本。基于类似调查的经验,假设答复率为 55%,其中有 5% 的回复无法使用。在这种情况下,研究人员需要将调查分发给 708 个人口样本。从这 708 份调查中,预计会获得约 389 份有效回复,如果其中 95% 是完全可用的,就可以得到所需的 370 份样本。

需要注意的是,样本量统计计算基于一些假设。例如,样本必须是从已知人群中随机选择或分配的,并且必须具有完整和准确的回答。此外,所涉及的测量必须无误,并且符合正态分布或高斯曲线。然而,实际调查很难完全满足所有这些条件。因此,使用统计方法计算样本量最好在接近理想条件下的大规模调查中使用,而不是直接应用于较小规模的调查。

2) 务实法

务实法是一种用于社会研究的方法,它采用非概率抽样来进行小规模调查,通常涉及相对较小的样本,数量在 30 至 250 之间。这种方法的选择通常基于以下三个实际原因。

(1) 资源是一个关键因素。在实际研究中,研究人员必须根据他们可用的时间和经济资源来决定调查的规模。由于时间和资金都是有限的资源,很少有人或组织能够承担大规模调查所需的 1 000 个或更多的样本。因此,项目研究人员通常没有足够的资源来获取大量人口样本。

(2) 研究人员可能对相对较小的人群感兴趣,这在社会研究中是常见的情况。例如,英国的工作组织主要由中小型企业组成,其劳动力规模通常不超过 250 人。因此,在对这些企业进行调查时,涉及的人数可能相对较少。类似的情况也适用于其他许多研究对象,例如特定群体、事件或地点。特别是对于项目研究人员来说,他们可能希望关注局部单位,其中涉及的人员或物品相对较少。

(3) 如果使用得当,非概率抽样技术可以产生足够准确的数据用于研究目的。例如,与随机抽样技术相比,使用配额抽样技术进行研究的成本更低。关于使用较小样本的非随机抽样技术是否会影响数据准确性的问题存在争议,但务实法认为,需要在可用资源范围内权衡准确性水平和额外成本,以满足研究目的所需的足够准确性。商业研究公司通常在给定的预算范围内向潜在客户提供特定准确性水平的结果,而更高的准确性则需要更多的资源。因此,客户和商业研究公司需要就结果的准确性在可用资源方面达成一致。

因此,务实法根据调查规模和足以满足研究目的的准确性需求来估计样本量。它使用非概率抽样,并不依赖于统计量的计算,而是基于经验和良好的判断。这种良好的判断考虑了四个重要因素:

① 与其他类似的调查进行比较。研究者的文献综述应识别出其他研究者在类似条件下进行的调查实例,这些调查中使用的样本大小可以作为参考。

② 样本应不少于30。对少于30个的样本使用统计分析是错误的,除非对涉及的相关程序进行特别的处理。

③ 需要考虑到数据内部可能进行的分类。在计算样本中应包括的数量时,研究者需要考虑可能出现的数据的复杂性。一个初看起来相当大的样本大小可能会产生与特定细分相关的非常小的数量。例如,用来调查收入和职业地位的100人的样本可能需要根据人们的年龄、性别、种族、婚姻状况和资格进行细分,以及根据他们是全职、兼职、失业、抚养孩子还是退休进行细分。这个简单的调查需要对5个个人因素和5个职业因素进行交叉分类,即数据的25个细分。如果数据均匀分布,这意味着每个细分中只有四个案例,这几乎不足以进行概括。实际上,我们知道数据不会均匀分布,许多细分最终根本不会有任何案例。因此,研究者在规划样本大小时需要充分考虑分析所涉及的细分。

④ 对限制的认识。在基于研究结果进行概括时需要特别谨慎。只要承认并考虑到这些限制,样本的有限大小并不会使结果无效。

尽管以上这些因素并没有提供确切的数字,但它们提供了指导方针,帮助研究人员决定合适和可接受的样本量。

3)累积法

在某些社会研究方法中,研究人员无法在调查开始时确定样本的大小。相反,样本量会随着研究的进行不断增长,直到研究人员获得足够的信息来达到研究目的。这种累积方法使用非概率技术,如有目的抽样、理论抽样或滚雪球抽样。这种方法通常与以下类型的研究相关:规模相对较小、使用定性数据、无法事先确定研究人群、旨在生成探索性样本而非代表性样本。

样本量的累积方法最常见于扎根理论方法及其对理论抽样的应用。随着每个线索的跟进,研究人员逐渐聚焦并提出新的问题,并继续调查,直到问题得到解答、事情得到解释。因此,样本的大小和组成在一开始时是无法完全预测的。

7. 调查和抽样的优缺点

1）调查和抽样的优点

（1）关注实证数据

调查方法强调通过观察真实世界来获取数据。研究人员积极主动地寻找和探索以获得信息,而不是仅依赖于理论推断,可以提供实证数据。

（2）收集定量和定性数据的灵活性

调查方法可以用于收集定量数据也可以收集定性数据。调查方法可以生成大量的定量数据,例如通过填写问卷,这些数据可以进行统计分析。同时,调查方法也可以产生定性数据,尤其是当与访谈等方法结合使用时。在小规模调查中,研究人员经常使用非概率抽样从探索性样本中收集定性数据。

（3）广泛和包容的覆盖范围

调查方法具有广泛和包容性,大规模问卷调查和小规模访谈调查都是如此。大规模问卷调查的优势在于可以获得代表性数据,从中可以对更广泛的人群进行概括。适当广泛和包容的覆盖范围可以增加研究所作的一般性陈述的可信度。在小规模访谈调查中,研究人员可以使用抽样技术,根据包括所有相关项目或人员的数据建立一个全面的画像,并有选择性地纳入被视为可能提供特别有用信息的不寻常值或极端的"异常值"。

（4）成本和时间效益

调查方法被证明是一种有效且相对廉价的数据收集手段。在小规模调查中,研究人员的时间往往是唯一重要的成本,尽管大规模调查可能涉及大量成本,但与实验等方法相比,它们可以在短时间内以相对较低的成本产生大量数据。结果可以在相当短的时间内获得,唯一的例外是小规模研究使用有目的抽样、理论抽样或滚雪球抽样技术,这可能导致研究的持续时间难以预测,通常比其他形式的调查需要更长的时间来完成。

2）调查和抽样的缺点

（1）倾向于关注数据而非理论

调查方法偏重于收集经验数据,存在过于依赖数据本身而忽视其他相关问题或理论的可能性。良好的调查研究不仅应该注重数据的积累、描述和分析,更需要注重基础理论和数据理论化过程。

（2）缺乏数据的细节和深度

大规模调查所得出的数据可能缺乏对调查主题的详细和深入了解。这在使用定量数据时几乎是不可避免的,调查倾向于追求广度而非深度。然而,小规模定性调查,尤其是使用访谈方法,可以获得丰富而详细的数据。

（3）容易被忽视

调查的回应率通常很低,获得合理的回应率对研究人员来说是一个挑战。尤其是在大规模调查中,潜在参与者是随机选择的,研究人员与他们没有个人接触,因此人们往往容易忽视研究人员通过邮件或短信发出的请求。然而,当调查涉及个人接触时,例如有目的抽样、理论抽样和滚雪球抽样等形式,回应率往往更高。

8. 使用调查和抽样的检查清单

1. 所使用的调查类型是否适合研究的特定目的？ ☐
2. 这项调查的回应率是否与其他类似调查的回应率相当？ ☐
3. 是否已努力了解受访者和非受访者之间是否存在显著差异？ ☐
4. 是否清楚样本是代表性的还是探索性的？ ☐
5. 是否清楚样本选择是基于概率抽样还是非概率抽样？ ☐
6. 是否明确确定了具体的抽样技术？ ☐
7. 样本选择技术是否符合本的使用目的(代表性或探索性)？ ☐
8. 如果旨在产生一个具有代表性的样本,是否对采样框架进行了评估：
   - 采样框架是否是完整且包容的？ ☐
   - 采样框架是否是最新的？ ☐
   - 采样框架是否与研究主题相关？ ☐
9. 样本量是否适合：
   - 样本类型(代表性或探索性)？ ☐
   - 所需的精确度水平？ ☐
   - 可能的未响应率？ ☐
   - 数据中的细分？ ☐
   - 可用于数据收集的回应？ ☐
10. 如果样本量小于30,研究中是否认识到这对统计分析的影响？ ☐

4.2 实验

实验方法是在人为控制下,去观察事物的发展规律,因此,比观察方法具有更多的优越性,能获得更多的科学事实。自然科学实验是指人们根据研究的目的,利用科学仪器和设备,人为地控制或模拟自然现象的发生发展过程,在特定的观察条件下探索客观规律的一种方法。社会科学实验是根据某种假设,通过系统地操作某些实验变量(自变量),同时对影响实验结果的无关变量加以控制,观测与实验操作相伴随的现象的变化,从而确定实验操作与观测现象之间因果关系的一种研究方法。

实验研究的基本原理:首先以一个理论假设为起点,这个理论假设是一种因果关系的陈述,它假设某些变量会导致因变量的变化。然后进行如下操作:在实验开始时对因变量进行测试(称前测),引入自变量,让它发挥作用或影响,在实验结束前再一次测量因变量(称后测);比较前测和后测的差异,即可验证假设,如图 4-1 所示。如果两者间没有差异,就说明自变量对因变量没有影响,从而推翻假设,如果两者间有显著差异,则可以证实原来的假设,即自变量对因变量有影响。

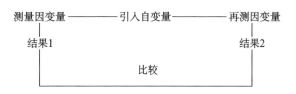

图 4-1　实验研究的基本原理

为了排除其他因素的影响,通常将实验对象分为两个组:实验组和控制组。这两个组是随机选派的或者是匹配的,它们的所有特征和条件都相同,唯一的差别是在实验过程中,实验组受到自变量的影响,而控制组不受自变量的影响。

实验和试验存在联系和区别。试验是探索未知的自然界奥秘和发明新的物品,属于试探性的;而实验是为了学习和掌握已有的自然科学知识,通过一定的仪器、设备等物质条件,使以往人们做过的试验重复表现出来,以便验证或加深掌握已有的自然知识和技术,属于验证性的。

实验有三个核心的要素:首先是确定因果关系,通过科学研究和实证分析,确定一个变量或事件是导致另一个变量或事件发生的原因。其次是控制变量,实验需要在严格控制的条件下进行,以排除其他可能解释研究结果的因素。最后是实证观察和测量,实验需要对引入潜在相关因素后发生的变化进行观察以及对观察到的变化进行精确测量。

根据研究的地点和环境不同,实验可以分为在实验室环境中进行的实验室实验和在自然环境中进行的田野实验。实验室实验是在严密控制的实验室条件下进行的,可以精确控制实验条件。而田野实验是在真实的现实环境中进行的,通常涉及对自然现象、社会群体或真实情境的研究。

因此实验是一种系统性的研究方法,通过观察和测量变量,来揭示因果关系、验证假设和推断现象之间的关联性。通过严格的控制和数据分析,实验可以提供强有力的证据,支持或反驳研究问题的解释。

实　验

　　用实验方法研究服装的热湿舒适性可分为三类：物理学、生理学和心理学。物理学实验可以使用出汗暖体假人等设备，模拟环境与人体之间的热湿交换，来测量服装的热阻和湿阻；生理学评价方法可以通过客观实验，测量出穿戴者穿着服装时的各项生理指标，如皮肤温度、心率、耗氧量等；心理学评价法可以通过热舒适或湿舒适主观评价标尺来评价服装的热湿感和适穿感。

1. 自变量、因变量和控制变量

　　因果关系是指通过实验研究，确定导致被研究事物发生变化的原因和结果。它强调的是变化的原因与结果之间的因果联系。因果关系不能简单地通过两个事件发生的时间或者顺序来推断，需要经过实验确定哪些因素是真正的原因。在研究中，需要区分因变量和自变量。自变量是研究人员有意改变或控制的因素，用于观察其对因果关系中的因果变量产生的影响。自变量通常是研究的焦点，研究人员根据自己的研究问题和目的选择自变量。因变量是因自变量的变化而改变的变量，因变量的变化不会影响自变量。

　　在实验设计中，研究人员必须清楚地区分因变量和自变量，并通过设计实验来探究它们之间的联系。通过控制自变量并观察因变量的变化，可以推断出自变量对因变量的影响，从而确定因果关系。

 案　例

织物的组织结构与织物的透气性的关系

　　研究目的：研究织物的组织结构与织物的透气性的关系。

　　研究方法：研究人员设计了三组对照试验，控制其他条件不变，只有织物组织结构分别为平纹、斜纹和缎纹。在这个实验中，织物的组织结构和织物的透气性是两个变量，两者之间存在联系。

　　研究结果：研究表明织物的组织结构从平纹到斜纹到缎纹变化，织物的透气性依次增加。在这个例子中，织物的组织结构是自变量，织物的透气性是因变量，得到的结果是织物的透气性因为织物组织结构的变化而变化。

　　案例来源：LIMENEH D Y, AYELE M, TESFAYE T, et al. Effect of weave structure on comfort property of fabric[J]. Journal of Natural Fibers, 2022, 19(11): 4148-4155.

实验中为了确保实验结果能够准确地表明自变量对因变量之间的影响,需要控制其他可能影响研究结果的变量,排除这些因素的干扰。例如在上述织物透气性的研究中,除了织物的组织结构,还有纤维类型、织物密度、织物厚度等因素可能会影响织物的透气性。因此为了确保织物的组织结构是影响织物透气性的因素,就需要控制如纤维类型等可能影响织物透气性的因素不变。

在研究服装舒适性时,环境温度可以对服装舒适性产生影响,因此实验在标准环境中进行,可以确保其相对恒定,从而更准确地评估其他因素(例如织物材质、透气性等)对服装舒适性的影响,得出更可靠的结论。

2. 观察与测量

观察和测量是实验研究中重要的数据收集方法。观察可以是直接观察或间接观察,而测量则是通过工具和技术对变量进行定量或定性的评估。与实验相关的观察和测量为了保证严谨性和准确性,是在人为创造的实验室条件下进行的。正确选择和应用观察和测量方法对于实验结果的准确性和可靠性至关重要。

在进行观察和测量时需要考虑以下几个方面:

(1)目标明确:明确要观察或测量的对象、现象或变化量。清楚研究的目标和研究问题,以方便针对性地进行观察和测量。

(2)设计观察和测量工具:选择合适的方法和工具来进行观察和测量。这可能包括调查问卷、观察记录表、实验设备等。确保工具的有效性和可靠性,以获取准确和可靠的数据。

(3)统一标准:确保观察和测量的标准是一致的,以避免主观偏差或错误解释。培训观察员或测量员,使其理解观察和测量的程序和准则。

(4)保持客观:尽量避免主观倾向和偏见,采用客观的方法和评价标准。记录所观察到的事实,而不是个人的解释或评价判断。

(5)重复观察和测量:如果可能,进行重复观察和测量,以提高数据的可靠性和稳定性。多次观察可以减少随机错误的偏差和异常值的影响,并增加对现象或变化量的全面理解。

(6)尊重伦理和隐私:在进行观察和测量时,遵守伦理原则和保护参与者的隐私权。确保获得适当的许可和知情同意,并尽量减少对参与者的干扰或介入。

(7)数据记录与整理:及时记录观察和测量的数据,确保数据的准确性和完整性。对于定量数据,进行适当的数据整理和统计分析,以得出有意义的结论。

1)测量方法的分类

(1)根据是否直接测量被测参数分为直接测量和间接测量。直接测量是指通过直接观测和记录被测参数以获得尺寸数据。间接测量则是通过测量与被测尺寸相关的几何参数,然后通过计算来获取被测尺寸数据。通常情况下,直接测量方法更直观,而间接测量方法则更复杂。当需要达到高精度要求时,常常需要采用间接测量方法。

(2)根据量具或量仪的读数是否直接表示被测尺寸的数值分为绝对测量和相对测量。绝对测量是指测量仪器的读数直接表示被测尺寸的实际数值。相对测量则是指测量仪器的读数仅表示被测尺寸与标准尺寸之间的差异。相对测量通常具有更高的精度,但也更为繁琐。

(3)根据被测表面与测量仪器的测量头是否接触分为接触测量和非接触测量。接触测量是指测量头与被测表面直接接触,并伴随着测量力的作用。非接触测量则是指测量头不与被测表面接触,以避免测量力对测量结果的影响。

(4)根据一次测量参数的多少分为单项测量和综合测量。单项测量是指对被测零件的每个参数分别进行单独测量。综合测量则是指通过测量反映零件多个相关参数的综合指标。综合测量通常更为高效,用于确保零件的互换性,而单项测量则用于分析工艺、工序检验和特定参数的测量。

(5)根据被测零件在测量过程中的状态分为静态测量和动态测量。静态测量是在被测零件相对静止的情况下进行的测量。动态测量是指在测量过程中被测表面与测量头发生相对运动的情况。动态测量方法能够反映出零件在接近实际使用状态下的情况,因此被认为是测量技术的发展方向。

测量变量还可根据其尺度水平分为定类变量、定序变量、定距变量和定比变量。定类变量是具有类别属性的变量,没有具体的数值关系。定序变量是具有顺序属性的变量,属性值具有程度差异。定距变量具有具体的间距差异,但没有绝对零点。定比变量具有连续差异,且具有绝对零点。这些变量在数学运算中具有不同的特性和用途。

2)测量的质量检验

(1)信度:指使用相同测量工具,重复测量同一对象时,得到相同结果的概率,是对测量工具可靠性(稳定性)的检验。可分为重测信度、复本信度、分半信度和 α 信度系数(克隆巴赫信度系数)。

① 重测信度:是对同一组被调查人员采用相同的调查问卷,在不同的时间点先后调查两次,两次调查结果之间的差异程度。重测信度反映了随机误差的影响。

② 复本信度:指问卷调查结果相对另一个非常相同的问卷调查结果的变异程度,是对同一组被调查人员运用两份内容等价但题目不同的问卷进行调查,然后比较两组数据的相关程度。

③ 分半信度:指一项调查中,调查问卷的两半题目的调查结果的变异程度。是通过将测验分成两半,计算这两半测验之间的相关性而获得的信度系数。

④ α 信度系数：

$$\alpha = \frac{n}{n-1}\left(1 - \frac{\sum s_i^2}{s_{TOTAL}^2}\right)$$

其中，n 为测验题目数，s_i^2 为每题各被试得分的方差，s_{TOTAL}^2 为所有被试总体的方差。

一般来说，该系数愈高，工具的信度愈高。在基础研究中，信度至少应达到 0.80 才可接受，在探索性研究中，信度只要达到 0.70 就可接受，介于 0.70～0.98 均属高信度，而低于 0.35 则为低信度，必须予以拒绝。

（2）效度：指测量工具在多大程度上反映了概念的真实意义（属性），是对测量工具有效性（周延性）的测量，又可分为效标效度、结构效度和内容效度。

① 效标效度：检测的结果与预期结果（某种理论）的相关程度。

② 结构效度：测量工具在多大程度上能够测量到理论上期望的特征，比如事物之间的关系模式。

③ 内容效度：直接测量变量的属性，测量在多大程度上包含了概念的含义。

测量法在物理实验中几乎都会被采用，其在纺织服装领域中的应用多变，可测量人体尺寸、服装材料的性能、舒适性评价等，不仅能作为主要的研究方法获得成果，也能和其他研究方法结合，从而展开分析。

 案 例

测量法的应用案例

研究目的： 研究圆装袖、插肩袖及其与袖裆组合的衣袖结构对上臂活动工效性的影响。

研究方法： 采用测量法测试了肩关节的活动范围，并应用主观评价标尺对受试者的肩背压迫感、上臂束缚感、腋下拉扯感进行评分，探讨衣袖结构与上肢运动灵活性之间的关系。

研究结果： 插肩袖加装袖裆的结构设计具有最大的肩关节活动角度，能够显著降低肩背、上臂与腋下的不舒适感觉。

案例来源： 倪军，张昭华，王文玲，韩依恬. 衣袖结构设计对上肢运动灵活性的影响[J]. 东华大学学报：自然科学版. 2020，46（1）：41-46.

3. 实验室实验与田野实验

1）实验室实验

实验室实验是一种在受控环境下进行的科学实验方法。在实验室实验中，研究者将研究工作孤立,使之脱离活动的常规,在严格控制的条件下操纵一个或以上的独立变量,使实验者能够在其他有关变量变异最小的状况下观察和衡量被操纵的独立变量对相应变量的影响。实验室实验的缺点是由于不是在自然环境下进行,会影响实验对象,许多社会现象是无法在实验室内进行实验的,同时,实验室实验的对象通常是比较特殊的人群。

实验室实验具有以下特点:

(1)控制条件:实验室实验通过控制和调节环境条件,确保不同实验组之间的条件尽可能一致,以便比较变量之间的影响。实验环境容易控制,能够清楚确切地观察到刺激对实验对象的影响。

(2)随机分组:实验中的参与者通常被随机分配到不同的实验组,以减少可能的偏差或干扰因素对结果的影响。

(3)精确测量:实验室实验使用精确的测量工具和方法来记录和量化变量的数值,以便进行准确的数据分析。

(4)反复复制:实验室实验可以在不同时间和不同实验者之间重复进行,以验证实验结果的可靠性和一致性。

实施实验室实验通常包括以下步骤:

(1)研究设计:确定实验的目的、研究问题和假设。选择适当的实验设计,如前后测试设计、重复测量设计等。

(2)变量操作:选择自变量和因变量,并确定它们的操作方式。自变量是研究者有意操纵的变量,而因变量是研究者观察或测量的结果。

(3)实施实验:按照实验设计和操作计划,在受控环境中进行实验。确保实验过程符合伦理标准和实验室安全要求。

(4)数据收集与分析:收集参与者的数据,并进行统计分析。使用适当的统计方法,比较不同处理组之间的差异,并验证研究假设。

(5)结果解释:解释实验结果,讨论发现与研究问题的关系,并进行可能的推断和解释。

在一系列的纺织服装研究中,研究者们采用实验室实验法探讨了不同面料和服装因素对织物及服装的热阻和湿阻的影响。具体而言,所考察的自变量包括面料的面密度、厚度、透气性、组织结构、层间配置,以及服装的开口部位、开口度、宽松度、覆盖度和合身度等。这些变量与织物或服装的热阻、湿阻和总散热量或总热损失有关。此外,外界因素如空气层和风速也被纳入考量。主要的仪器设备包括出汗热板仪、平板保温仪、透湿量仪、暖体假人和3D人体扫描仪。这些仪器均具备高精度的测量能力,涉及温度、湿度、风速等参数的精确控制和测量,以确保实验数据的准确性和可靠性。

案 例

眼 动 实 验

研究目的：分析消费者对户外运动服装品牌平面广告的关注点和感知价值。

研究方法：研究选定 Columbia、The North Face、Jack Wolfskin、Northland、Toread 的广告图片作为实验素材，采用眼动实验测试实验受试者观看广告图片的关注热点和轨迹。

实验流程：

（1）对整个实验过程、注意事项进行简要说明；

（2）校准测试仪，使数据更加科学；

（3）正式实验，观看户外运动品牌的平面广告图片，共 14 张；

（4）完成观看，眼动仪会记录相关的眼动指标和数据；

（5）数据保存；

（6）结束实验，被试者对照按题目顺序分组纸质打印的实验图片，填写"户外运动品牌平面广告调查问卷"。

眼动实验的 AOI 区域即为感兴趣区域，用以检测某一划定区域的各项眼动指标数值。本次眼动实验的图片样本均采用单因素变化的处理方式，尽可能排除其他变量的干扰，且为保证实验的准确性与可信度，在进行 AOI 划区时尽量保证组内区域大小一致。AOI 区域内眼动关键性指标用于数据处理和分析，以 Excel 表格形式输出。

实验完成后，从数据和图片两个途径进行分析，相较于数据分析，眼动图像能够清晰直观地展示被试者的视线轨迹和关注兴趣所在。常用的眼动图像有眼动轨迹图、眼跳轨迹图、扫描路径图及热点图。

案例来源：任玥映. 基于消费者感知的户外运动服装品牌平面广告研究[D]. 东华大学,2014.

2）田野实验

在实验室中可以很好地控制变量，但有些社会科学研究无法完全控制所有变量，所以一些研究人员采用了"准实验"方法作为现实可行的选择。准实验方法是在实验室实验的理念下进行的，但由于研究人员无法控制环境，因此需要扮演观察"自然发生"事件的角色，观察在几乎无法控制的情况下发生的事件。在这种情况下，通过观察和测量环境中的变量来了解其影响，而无需施加人为控制，这就是田野实验。田野实验是一种在自然环境中进行的科学实验研究方法，旨在观察和测量真实条件下变量对研究对象的影响。与实验室实验不同，田野实验允许研究者在自然环境中进行操作和观察。

田野实验具有以下特点：

（1）自然环境：田野实验在真实的自然环境中进行，而不是在人工受控的实验室环境中。这使得研究结果更贴近真实世界的情境，并增加了外部有效性，即研究结果的推广能力。

（2）真实行为：田野实验可以观察参与者在他们日常生活中真实的行为和反应，而不是在人工环境中模拟的行为。这种真实性有助于提供更准确的结果和洞察。

（3）复杂性：由于田野实验受到自然环境的限制，研究者对实验环境和条件缺乏较强的控制能力，这使得田野实验更具有挑战性，需要考虑和管理环境中的其他因素对实验结果的潜在影响。

 案　例

田野实验与实验室实验相结合

研究目的： 本研究旨在测试不同虚拟试衣间（Visual Fiting Room，VFR）设计的因果效应，并通过实验室实验揭示其背后的理论机制。

研究方法： 两项大规模的田野实验（研究 1 和研究 2）和一项实验室实验（研究 3）。

研究 1： 选择了一家年轻女装的在线零售商，随机选择了 1/3 的产品引入虚拟试衣间功能，最终分析了 933 个服装产品和 24 435 次产品购买行为。该研究旨在揭示虚拟试衣间（VFR）对销售、顾客满意度和产品退货率的整体因果效应。

研究 2： 选择一家使用手机 APP 销售女装的零售商进行田野实验，涉及 894 个产品项目和 163 944 次产品购买。这项研究不仅确认了研究 1 的结果，还进一步比较了个性化与非个性化 VFR 的效果，以及传统视觉展示（Conventional Visual Displays，CVD）的调节作用。

研究 3： 在实验室环境中进行，研究邀请了 160 名女大学生参加实验。实验采用 2（个性化 VFR 与非个性化 VFR）× 2（有 CVD 与无 CVD）的被试间实验设计，随机分配参与者到四个不同的实验组。实验中使用了一台装有 VFR 应用的平板电脑，个性化 VFR 条件下使用基于参与者自身面部照片和身体形状创建的个性化化身，而非个性化 VFR 条件下则使用标准化虚拟模型。在有 CVD 的条件下，参与者被展示服装的传统宣传照片；而在无 CVD 的条件下，则不展示这些照片。本实验的目的是验证为了个性化虚拟试衣间（VFR）可能通过感知风险、享受和预期产品性能来影响顾客购买。此外，在传统视觉展示（CVD）的存在下，个性化 VFR 的作用可能有差异。

案例来源： YANG S，XIONG G. Try it on! Contingency effects of virtual fitting rooms[J]. Journal of Management Information Systems，2019，36（3）：789-822.

3）使用对照组和"随机对照实验"

实验组和对照组是研究中常用的两个组别,用于比较和评估特定干预措施的效果。其中实验组是接受研究者干预或处理的群体或个体。在实验中,研究者会对实验组施加干预,例如给予特定药物、应用某种治疗方法或引入某种改变。实验组的变化和反应被用来评估干预的效果。而对照组是与实验组相对照的群体或个体,不接受干预措施,但接受相同的测试和评估。对照组通常提供基准,用来比较实验组的变化和反应。实验组和对照组的使用可以帮助排除其他可能影响结果的因素,例如外界干扰、自然变化或其他变量的影响。这样的设计有助于确定干预措施的效果,并提供科学依据来评估干预措施的有效性和可行性。

随机对照实验是一种常见的研究设计,其中参与者被随机分配到实验组或对照组。这种随机分配的目的是确保实验组和对照组在初始状态下具有相似的特征和特征分布,以减少偏倚的影响。随机分配可以提高研究的内部效度,使得比较两组之间的差异更具可信度和可靠性。

 案　例

服装搭配随机对照实验

研究目的: 验证作者开发的搭配规则的有效性。

研究方法: 实验组(10名大学生,10名上班族)按照作者开发的搭配规则进行搭配,空白对照组(10名大学生,10名上班族)依据常识进行搭配,每位被试者最终给出1套搭配方案,共获得40套搭配效果图。另选择60名具有服装设计专业背景的研究生将搜集到的40套服装搭配效果图进行打分,计算每套的得分均值,得到组别与搭配结果打分的交叉表,进行卡方检验后验证实验组和对照组服装搭配效果是否存在显著性差异。

研究结果: 按照构建的女装搭配规则进行服装搭配的合格率达85%,按照作者建立的女装搭配规则进行的服装搭配效果优于依据常识进行的女装搭配。

案例来源: 马玲,吕叶馨,刘驰,等. 基于服装属性的女装搭配规则构建[J]. 纺织学报,2022,43(08):161-166.

4. 实验设计

实验设计是以概率论与数理统计为理论基础,合理安排实验的一种方法论,研究如何高效而经济地获取数据信息、科学地分析处理、得出正确的结论。

1）实验设计的基本程序

（1）响应变量的选择

在实验设计中,选择合适的响应变量是至关重要的。实验者需要确保所选的响应变量能有效反映研究目标,并为实验过程提供有价值的信息。同时,仪器性能及其测量误差也是一个不容忽视的因素。若仪器性能欠佳,则可能只有较大的因素效应才能被实验所检测到,这可能需要进行附加的重复实验以提高结果的可靠性。

（2）因素和水平的选择

实验中所涉及的因素及其水平的选择对实验结果具有显著影响。实验者应细致选择需在实验中处理的因素,并明确规定这些因素的水平。这一过程包括如何将这些因素控制在所需数值上以及如何精确测量这些数值。在此过程中,实验者应避免受先前经验的局限,全面考察所有潜在重要因素,特别是在实验初期或工艺发展阶段。当实验目的为因素筛选或过程特征化时,建议维持低的因素水平,通常采用两个水平。

（3）问题的识别和问题的提出方法

清晰地识别实验目的和提出问题对于深入理解研究现象和最终解答问题至关重要。实验者需要明确实验目的所围绕的所有关键想法,并以清晰的方式提出问题。

（4）实验设计的选择

实验设计的选择应考虑样本量（重复次数）、实验的顺序、是否需要分区或其他随机化约束等因素。实验设计的选择应基于实验目标的具体需求。在工程实验中,通常预先知道某些因素水平会导致不同的响应值。因此,实验目的往往是识别导致这些差异的因素并估计相应改变量的大小。在某些情况下,实验可能更注重验证一致性,例如在比较两种不同类型虚拟试衣间（如常规款与定制款）的销售率差异的实验中。

（5）实验执行

在实验过程中,严格按照计划执行并实时监控实验进程至关重要。成功的实验需要周密的预先规划和实时的现象及数据记录。实验中观察到的现象应该被如实、准确地记录下来。

（6）数据分析

实验数据的分析应采用合适的统计方法,以确保实验结果和结论的客观性和可靠性。统计方法的应用不仅提高了实验的可靠性和有效性,还为决策过程增添了客观性。

2）实验设计的三要素

实验设计包含三个基本要素:实验因素、实验单位（或实验对象）以及实验效应。这些要素共同构成了实验设计的核心,决定了实验的可靠性和有效性。

（1）实验因素:实验因素是指所有可操控和可变化的条件,它们直接影响实验结果。这些因素可细分为客观因素（如温度、湿度等）和主观因素（如观察者的判断）,以及主要因素和次要因素。主要因素是实验者有意研究的,例如化学反应中的浓度、作用时间等。次要因素或区组因素则是可能干扰实验结果但不是研究重点的条件,如实验材料的批次。

（2）实验单位：实验单位是实验因素作用的对象。在实验中，选用的材料或对象作为实验单位。例如，在对面料进行测试的实验中，面料本身就是实验对象，也即实验单位。每个实验单位的选择都应精心考虑，因为它直接影响实验的难度和结果的新颖性及创新性。实验中所需的实验材料总数被称为样本含量。样本含量应基于特定的实验设计来估计，避免过大或过小。

（3）实验效应：实验因素在不同水平下在实验单位上产生的反应称为实验效应。实验效应是衡量实验因素作用强度的重要标志，通常通过观测指标的数值变化来反映。选择具有客观性、特异性、灵敏度和准确性的观测指标至关重要。对于半客观或主观指标，必须预先设定严格的读取和评价标准。

3）实验设计的策略和类型

实验设计是根据实验目标和要求制定的一组实验处理的总称，是实验工作的核心。它需要根据实验的目的和条件进行周密的规划和慎重的决定。实验设计主要分为单因素实验设计和多因素实验设计。

单因素实验方案设计是指整个实验中只比较一个实验因素的不同水平的实验，由该实验因素的所有水平构成，这是最基本、最简单的实验。多因素实验方案设计是指在同一实验中同时研究两个或者两个以上实验因素的实验，由该实验的所有实验因素水平组合而成，多因素实验方案又分为完全实验方案和不完全实验方案两类。

完全实验方案：也称全面实验方案，每个因素的每个水平都至少出现一次。水平组合数等于各因素水平数的乘积。例如，光照和面料两个因素的组合构成一个实验方案。三种强度的光对 3 种面料进行实验，两个因素分别为光照和面料，光照有 A1、A2、A3 水平，面料分为 B1、B2、B3 水平，则有 3×3 种水平组合构成了这两个因素的实验方案。完全实验方案可以全面考察实验因素及其交互作用，选择最优水平组合。多因素全面实验的效率高于多个单因素实验的效率。

完全实验方案的局限性：当因素个数和水平数较多时，实验的复杂性和成本显著增加，实验误差难以控制。因此，完全实验方案更适用于因素和水平较少的情况。

不完全实验方案：选择实验因素中的部分水平组合，探讨这些特定组合的综合作用，但不全面考察每个因素对实验指标的影响或因素间的交互作用。适用于当实验资源有限或只需探讨特定因素组合的场合。例如，综合性实验通常针对已知的主要因素进行，而正交实验适用于筛选最有效的因素组合。

实验方案的选择对实验结果具有决定性影响。一个周密的实验方案可以高效地利用资源，快速完成实验任务，并获得可靠的结论。反之，不合理的方案可能导致实验失败。实验设计的有效性和精确性对于实验成功至关重要。正确的实验方案设计可以使实验过程更加高效,节约资源,并提高实验结果的准确性和可靠性。

5．实验法的优缺点

研究人员可以根据具体研究问题和环境条件来决定是否使用实验方法,实验方法的选择与否需要考虑以下因素:

（1）研究人员需要注意避免个人偏见或预期对结果产生影响,应该采取措施来确保观察过程中的客观性,避免干扰或影响结果的因素。

（2）研究人员应该遵守伦理原则,确保研究过程中参与者的权益得到保护,应该以合适的方式收集数据,避免对参与者造成伤害或不当干预。

实验在以下四个方面具有优势:

可重复性:实验的可重复性意味着其他研究人员可以使用相同的程序和条件来重复实验,从而验证和复制实验结果。通过仔细记录程序和控制变量,实验可以被其他人准确地再现,增加了结果的可信度和可靠性。

精确性:在实验室实验中,研究人员可以通过严格控制条件和测量工具来实现高度的精确性。实验提供了一种精细调控环境的方式,以确保数据的准确性和可靠性。

便利性:实验室中的实验相对于其他类型的研究方法更加便利。研究人员可以在熟悉的环境中开展研究,减少了旅行成本和时间开销。此外,实验室实验还提供了更好的实验控制和操作的便利性,使研究人员能够更有效地进行实验。

可信性:实验方法被广泛认为是最科学和可信的研究方法之一。实验的使用符合科学研究的原则和精神,通过严格的设计和控制,可以提高研究的可信度和信誉度。实验方法在学术界和科学界享有较高的声誉,并被视为一种可靠的方法来获得准确的研究结果。

当然实验法也存在一些缺点,研究人员在选择实验方法时应予以考虑,并结合研究目的和研究问题综合评估其适用性。

人工干预:实验环境的人工设置可能无法完全模拟真实世界的复杂性和多变性。参与者在实验中的行为和决策可能与他们在现实生活中的表现有所不同,从而降低了实验结果的现实性和适用性。此外实验通常在受控环境中进行,这可能导致实验结果难以推广到真实世界的情境。

控制变量:尽管实验方法致力于控制其他变量的影响,但在实践中实现完全控制变量是困难的。现实世界中的许多因素难以被完全控制,因此实验结果可能受到其他未考虑的变量的干扰,影响了结果的解释和推断。

样本代表性:实验的样本可能不具有完全代表性,这可能导致实验结果的普适性存在限制。参与者的特定特征或自愿参与的倾向可能使样本在某些方面不够典型,从而限制了研究的适用范围。

道德和伦理:某些实验设计可能涉及欺骗参与者或给予他们不公平待遇,这引发了道德和伦理问题。研究人员必须权衡研究的科学价值与参与者的权益和福利之间的平衡。

6. 实验方法清单

1. 是否清楚地识别了关键变量？ ☐
2. 在设计实验时相关变量是否可控？ ☐
3. 是否明确区分了因变量和自变量？ ☐
4. 实验情境是否创造了与做出行为/决定的现实世界情境相当的条件？ ☐
5. 如果使用了对照组，是否在所有关键方面都与实验组一一匹配？ ☐
6. 如果研究对象充分了解他们所参与实验的性质，是否考虑了"观察者"效应？ ☐
7. 如果研究对象没有充分意识到他们参与的实验的性质，他们会在实验发生后得到充分的信息吗？ ☐
8. 该研究在对待参与实验的人员方面是否合乎伦理？ ☐

4.3 问卷

1. 调查问卷的概述

调查问卷，又称调查表，是调查者根据一定的调查目的精心设计的一份调查表格，是现代社会用于收集资料的一种最为普遍的工具。问卷是一种用于收集信息的工具，其类型多种多样，在用途、规格和外观上可能存在差异。问卷研究需满足以下几个要点：

第一，目的是收集信息以供后续数据分析使用。研究问卷作为一种工具，旨在发现事物，而非改变人们的态度或提供信息。尽管有时调查问卷会被用于营销目的，但它与研究问卷的本质并不完全相符。

第二，由书面问题清单组成。重要的是，每个回答特定问卷的人会阅读相同的问题集，这确保了问题措辞的一致性和准确性，并简化了答案的处理过程。有时，也可以通过图片来替代书面问题。

第三，通过直接询问人们有关研究要点来收集信息。问卷调查的前提是，如果想了解人们的态度，只需直接问他们你想知道的内容，然后直接获取答案。

1）问卷的分类

根据不同的分类标准，调查问卷可以分为不同类型。

（1）根据市场调查中使用问卷方法的不同，将调查问卷分为自填式问卷和访问式问卷两大类。自填式问卷是由调查者发给被调查者，被调查者自己填写的问卷。而访问式问卷是由调查者按照预先设计的问卷或问卷提纲向被调查者提问，然后根据被调查者的回答进行填写的问卷。一般来说，访问式问卷通常要求简便，最好采用两项选择题进行设计；而自填式问卷由于被调查者可以自行阅读，在问题的制作上可以更加详尽和全面。

（2）根据问卷发放方式的不同，调查问卷可以分为四种类型，包括送发式问卷、人员访问式问卷、电话访问式问卷和网上访问式问卷。前一种类型大致可以划归为自填式问卷范畴，而后三种则属于访问式问卷。送发式问卷是由调查者将问卷送发给选定的被调查者，待被调查者填写完毕后再统一收回。人员访问式问卷是由调查者按照预先设计的提纲或问卷对被调查者进行提问，然后根据被调查者的口头回答填写问卷。这种类型的问卷回收率较高，适用于一些需要深入讨论的问题，但不适用于敏感性问题。电话访问式问卷通过电话媒介对被调查者进行访问调查。这种问卷需要简洁明了，同时需要考虑通话时间限制、听觉功能的局限性、记忆规律和记录的需求等因素。电话访问式问卷通常适用于问题相对简单明确且需要及时获取调查结果的项目。网上访问式问卷是通过互联网制作并进行调查的问卷类型，可以通过电子邮件和社交媒体等渠道发放，这种问卷不受时间和空间限制，便于获取大量信息，特别是对于敏感性问题，相对容易获得满意的答案。

2）问卷的适用性

不同的情况适用不同的调查方法，问卷调查也不例外。尽管调查问卷可以在广泛的研究情境中使用，但它们在以下情况下表现最为高效并能提供一致的可比较的数据：

（1）在多个地点同时使用，涉及大量受访者；

（2）当需要获取相对直接的信息时，问题相对简短且没有争议性；

（3）当需要收集来自相同问题的标准化数据时，不需要面对面的个人互动；

（4）当受访者有能力阅读和理解问题，需要考虑年龄、智力、语言和视力等因素的影响；

（5）当社会氛围足够开放，受访者可以给出完整而诚实的答案。

3）问卷收集的数据类型

调查问卷依赖于受访者回答问题，是直接提供的书面信息。问卷调查的数据可以分为两类：事实和意见。在使用问卷调查时，研究人员需要明确所需信息是与事实相关还是与意见相关。

事实信息不需要受访者进行太多判断或表达个人态度，只要求他们提供直接的信息，例如地址、年龄、性别、婚姻状况或子女数量。例如，"你昨晚看了哪些电视节目"。

而意见、态度、观点、信念和偏好等可以通过问卷调查来收集。在这种情况下，受访者需要透露他们的感受或表达价值观，并在权衡备选方案时做出判断，而不仅仅是报告事实。例如，"你最喜欢哪个电视节目"。

需要强调的是，实际上，调查问卷往往同时包含关于事实和意见的问题。例如，美国的政治民意调查可能既包括关于人们在上次选举中的实际投票方式的事实问题,也包括关于他们对特定政党政策支持的意见问题。市场研究人员可能希望获取与他们正在调查的意见、态度和偏好相关的受访者的年龄、社会阶层、性别等事实信息。

4）规划问卷的使用

调查问卷通常是一次性的,研究人员没有时间或资源对其进行重复或修正。因此,他们必须在第一次收集问卷时做得准确无误。这涉及计划方面的考虑,包括成本、准备时间、组织、时间表和授权等因素。

成本是制作、分发和收集调查问卷及结果分析所涉及的费用。包括印刷成本、激励费用以及可能需要的其他资源。还需要考虑是否需要计算机进行结果分析,以及相关软件、在线平台服务和数据分析方面的成本。

准备时间是设计制作问卷所需的时间。这包括确定适当的问题和预调研的时间。如果是通过纸质问卷进行大规模调查,可能会因印刷过程而延误。

组织在调查问卷的分发、收集和分析过程中需要受到重视。研究人员需要组织良好,记录发出的问卷数量、收件人以及发送时间。如果问卷不是匿名的,还需要跟踪回复并进行后续调查。

时间表是指整个调查过程中涉的时间点。研究人员需要考虑从问卷制作、分发、收集到分析的整个时间范围。他们需要制定相应的计划,规划好时间周期。

在进行问卷调查之前,可能需要获得一些管理人员的许可。这取决于调查问卷的性质和受众群体。例如,如果打算在学校或青年俱乐部分发问卷给年轻人,可能需要获得地方当局或工作人员的许可。研究人员需要谨慎行事,并确保获得适当的授权。

研究人员需要在计划阶段综合考虑这些因素,并制定适当的策略。

 案　例

预　调　研

为研究消费者对无钢圈文胸的购买偏好和意愿,研究人员采用问卷调查法进行调研。在调查开始前,研究人员做了充分的准备。在前测阶段,共发放了 20 份问卷,通过一对一填写的方式,受访者独立完成,并接受了简短访谈,研究人员结合答题情况评估了测量题项的合理性,并对问卷进行了修改。根据统计学原理和量表分析,并基于研究成本考虑,研究最终确定样本量范围应在 210 到 1 008 个之间。通过线上和线下同时发放问卷,研究人员共发放了 267 份问卷,有效问卷为 251 份,有效问卷回收率为 94.0%。

案例来源:张芯源,李敏. 上海地区无钢圈文胸消费偏好及购买意愿研究[J]. 针织工业,2023,(01):73-77.

2. 调查问卷的题型

问卷中的问题类型是多样的,可以选择多种方式来构建问题。选择使用不同类型的问题有其潜在优势。一方面,多样化的问题类型可以防止受访者感到无聊,并避免他们陷入答题的"模式"。另一方面,始终保持一致的问题风格使受访者熟悉这种类型的问题,可以快速回答,并且不容易混淆或误解。选择使用哪种方式取决于研究人员的判断。

在问题类型中,有开放式问题和封闭式问题。开放式问题允许受访者自行决定答案的措辞、长度和问题类型。这种问题通常很简短,但答案可能很长。开放式问题的优势在于收集到的信息更能反映受访者观点的丰富性和复杂性,他们可以用自己的话表达观点。然而,开放式问题也有两个缺点:受访者需要付出更多努力来回答问题(可能降低参与度),而且得到的数据比较原始,故而分析这些数据需要耗费大量的时间。

封闭式问题通过提供预先确定的选项来构建答案,只允许受访者从中选择符合研究人员设定的类别。选项可以是简单的二选一,也可以是复杂的多项选择列表。封闭式问题的优点是,结构化的答案提供了一致长度的信息,非常适合量化和比较,可以得到易于分析的预先编码数据。然而,封闭式问题也有两个缺点:如果问题的复杂性超出了提供的选项范围,受访者很难提供精确反映其观点的答案;受访者还可能会因为无法以复杂、不一致或不完全符合提供选项的方式充分表达自己的观点而感到沮丧。

封闭式问题通常有助于产生定量数据,但在设计阶段,研究人员需要明确收集哪种特定类型的定量数据以及使用哪种特定的统计程序。如果未事先考虑这一点,收集到的数据可能无法适用于最终的分析,这是一个需要注意的问题。

问卷中经常使用的九类问题

1. 态度类

　　示例:你对快时尚产业的发展和可持续性的关系有什么看法?

2. 清单类

　　示例:请列出您认为快时尚行业在可持续发展方面面临的最重要的问题。

3. "是"或"否"答案类

　　示例:您是否在过去的一年里购买过快时尚品牌的产品?

4. 同意/不同意加一个陈述

　　示例:你同意还是不同意以下陈述?快时尚行业应该更加注重环境保护和社会责任(可选择同意或不同意)。

5. 选择类

示例：您认为以下哪种可持续性倡议在快时尚行业中最为重要？

A 环保材料使用　　　B 劳工权益保护　　　C 减少资源浪费　　　D 支持社区发展

6. 排序类

示例：请从以下可持续性倡议中选择您认为在快时尚行业中的重要程度：

1＝最重要，2＝次重要，3＝第三重要，4＝最不重要。

环保材料使用　　　劳工权益保护　　　减少资源浪费　　　支持社区发展

7. 赞同程度类（李克特量表）

示例：我认为快时尚行业在可持续发展方面已取得了良好的进展。

强烈同意　　　同意　　　中立　　　不同意　　　强烈不同意

8. 评分类

示例：您认为以下因素对快时尚公司的可持续发展影响有多大？为以下因素打分，从 1 到 7 表示从不重要到非常重要。

环境污染　　　劳工权益　　　资源消耗　　　可回收性　　　社会影响

9. 感受类（语义差异）

示例：你认为快时尚行业倡导的可持续发展是：

重要的　　　1　2　3　4　5　　　不重要的

困难的　　　1　2　3　4　5　　　容易的

有风险的　　1　2　3　4　5　　　安全的

不可能的　　1　2　3　4　5　　　可能的

无聊的　　　1　2　3　4　5　　　有趣的

1）调查问卷的格式

一份正式的调查问卷一般包括以下三个组成部分：

第一部分：前言/卷首语。主要说明调查的主题、调查的目的、调查的意义，以及向被调查者表示感谢。其内容一般包括下列几个方面：

（1）称呼、问候。如"××先生、女士：您好！"。

（2）调查人员自我说明调查的主办单位和个人的身份。

（3）简要地说明调查的内容、目的、填写方法。

（4）说明作答的意义或重要性。

（5）说明所需时间。

（6）保证作答对被调查者无负面作用，并替他保守秘密。

（7）表示真诚的感谢，或说明将赠送小礼品。

语气应该是亲切、诚恳而礼貌的，简明扼要，切忌啰嗦。问卷的开头是十分重要的。大量的实践表明，几乎所有拒绝合作的人都是在开始接触的前几秒钟内就表示不愿参与。如果潜在的调查对象在听取介绍调查来意的一开始就愿意参与的话，那么绝大部分都会合作，而且一旦开始回答，就几乎都会继续并完成，除非在非常特殊的情况下才会中止。

第二部分：正文。这是调查问卷的主体部分，一般设计若干问题要求被调查者回答。问卷的正文实际上也包含了三大部分。

第一部分包括向被调查者了解最普遍的问题。这些问题应该是适用于所有的被调查者，并能很快、很容易回答的问题。在这一部分不应有任何难答的或敏感的问题，以免吓坏被调查者。

第二部分是主要的内容，包括涉及调查的主题的实质和细节的大量的题目。这一部分的结构组织安排要符合逻辑性并对被调查者来说应是有意义的。

第三部分一般包括两部分的内容，一是敏感性或复杂的问题，以及测量被调查者的态度或特性的问题；二是人口基本信息和经济状况等。

问卷的结尾一般可以加上1～2道开放式题目，给被调查者一个自由发表意见的机会。然后，对被调查者的合作表示感谢。在问卷的最后，一般应附上一个"调查情况记录"。这个记录一般包括：

（1）调查人员（访问员）姓名、编号；

（2）受访者的姓名、地址、电话号码等；

（3）问卷编号；

（4）访问时间；

（5）其他，如设计分组等。

2）问卷的功能

（1）能正确反映调查目的，突出重点，能使被调查者乐意合作并协助达到调查目的。

（2）能正确记录和反映被调查者回答的事实，提供正确的情报。统一的问卷还便于资料的统计和整理。

（3）问卷的设计是市场调查的重要一环。要得到对你有益的信息，需要提问确切的问题。最好通过自我提问来确定一个问题的价值：你将如何使用调查结果？这样做可使你避免把时间浪费在无用或不恰当的问题上。要设计一份完美的问卷，不能闭门造车，而应事先做一些访问，拟订一个初稿，经过事前实验性调查，再修改成正式问卷。

3）问卷设计的原则

问卷设计时应注意如下原则：

（1）问卷上所列问题应该都是必要的。根据调查主题,从实际出发拟题,问题目的明确,重点突出,没有可有可无的问题。问卷的结构合理、逻辑性强。问题的排列应有一定的逻辑顺序,符合应答者的思维程序。一般是先易后难、先简后繁、先具体后抽象。

（2）所问问题是客户所了解的。所问问题不应是被调查者不了解或难以答复的问题。使人感到困惑的问题会让你得到的是"我不知道"的答案。在"是"或"否"的答案后应有一个"为什么",回答问题所用时间不超过半小时。

（3）在询问问题时不要转弯抹角。如果想知道顾客为什么选择你的店铺买东西,就不要问:"你为什么不去张三的店铺购买?"你这时得到的答案是他们为什么不喜欢张三的店铺,但你想了解的是他们为什么喜欢你的店铺。根据顾客对张三店铺的看法来了解顾客为什么喜欢你的店铺可能会导致错误的推测。

（4）注意询问语句的措辞和语气。

在语句的措辞和语气方面,一般应注意以下几点:

① 问题要提得清楚、明确、具体。问卷应使应答者一目了然,并愿意如实回答。问卷中语气要亲切,符合应答者的理解能力和认识能力,避免使用专业术语。对敏感性问题采取一定的技巧调查,使问卷具有合理性和可答性,避免主观性和暗示性,以免答案失真。

② 要明确问题的界限与范围,问句的字义（词义）要清楚,否则容易误解,影响调查结果。

③ 避免用引导性问题或带有暗示性的问题。诱导人们按某种方式回答问题使你得到的是你自己提供的答案。

④ 避免提问使人尴尬的问题。

⑤ 对调查的目的要有真实的说明,不要说假话。

⑥ 需要理解他们所说的一切。利用问卷做面对面访问时,要注意给回答问题的人足够的时间,让人们讲完他们要讲的话。为了保证答案的准确性,将答案向调查对象重念一遍。

⑦ 不要对任何答案作出负面反应。如果答案使你不高兴,不要显露出来。如果别人回答,从未听说过你的产品,那说明他们一定没听说过。这正是你为什么要做调查的原因。

4）问卷调查设计技巧

（1）事实性问题

事实性问题主要是要求应答者回答一些有关事实的问题。例如:你购买运动服装的频率?

事实性问题的主要目的在于求取事实资料,因此问题中的字眼定义必须清楚,让应答者了解后能正确回答。市场调查中,许多问题均属"事实性问题",例如应答者个人的资料:职业、收入、家庭状况、居住环境、教育程度等。这些问题又称为"分类性问题",因为可根据所获得的资料而将应答者分类。在问卷之中,通常将事实性问题放在后边,以免应答者在回答有关个人的问题时有所顾忌,因而影响以后的答案。如果抽样方法是采用配额抽样,则分类性问题应置于问卷之首,否则不知道应答者是否符合样本所规定的条件。

（2）意见性问题

在问卷中,往往会询问应答者一些有关意见或态度的问题。例如:你喜欢××运动品牌吗?

意见性问题事实上即态度调查问题。应答者是否愿意表达他真正的态度,固然要考虑,而态度强度亦有不同,如何从答案中衡量其强弱,显然也是一个需要克服的问题。通常而言,应答者会受到问题所用字眼和问题次序的影响给出不同反应,因而答案也有所不同。对于事实性问题,可将答案与已知资料加以比较。但在意见性问题方面则较难作比较工作,因应答者对同样问题所作的反应各不相同。因此意见性问题的设计远较事实性问题困难。这种问题通常有两种处理方法:其一是对意见性问题的答案只用百分比表示,如有的应答者同意某一看法等。另一方法则旨在衡量应答者的态度,故可将答案化成分数。

（3）困窘性问题

困窘性问题是指应答者不愿在调查员面前作答的某些问题,比如关于私人的问题,或不为一般社会道德所接纳的行为、态度,或属有碍声誉的问题。例如:平均说来,每个月你打几次麻将? 如果你的汽车是分期购买的,一共分多少期? 你是否向银行抵押借款购股票? 除了你的工作收入外,尚有其他收入吗?

如果一定要想获得困窘性问题的答案,又避免不真实回答,可采用以下方法:

① 间接问题法。不直接询问应答者对某事项的观点,而改问他认为其他该事项的看法如何。

例如:用间接问题旨在套取应答者回答认为是旁人的观点。所以在他回答后,应立即再加上问题:"你同他们的看法是否一样?"

② 卡片整理法。将困窘性问题的答案分为"是"与"否"两类,调查员可暂时走开,让应答者自己取卡片投入箱中,以减低困窘气氛。应答者在无调查员看见的情况下,选取正确答案的可能性会提高不少。

③ 随机反应法。根据随机反应法,可估计出回答困窘问题的人数。

④ 断定性问题。有些问题是先假定应答者已有该种态度或行为。

例如:你每天抽多少支香烟? 事实上该应答者极可能根本不抽烟,这种问题则为断定性问题。正确处理这种问题的方法是在断定性问题之前加一条"过滤"问题。

例如：你抽烟吗？

如果应答者回答"是"，用断定问题继续问下去才有意义，否则在过滤问题后就应停止。

⑤ 假设性问题。有许多问题是先假定一种情况，然后询问应答者在该种情况下，他会采取什么行动。

例如：如果××品牌涨价20%，你是否将改消费它的竞争品牌？

问卷设计时需进行以下步骤：

① 确定主题和资料范围。根据调查目的的要求，研究调查内容、所需收集的资料及资料来源、调查范围等，酝酿问卷的整体构思，将所需要的资料一一列出，分析哪些是主要资料，哪些是次要资料，哪些是可要可不要的资料，淘汰那些不需要的资料，再分析哪些资料需要通过问卷取得、需要向谁调查等，并确定调查地点、时间及对象。

② 分析样本特征。分析了解各类调查对象的社会阶层、社会环境、行为规范、观念习俗等社会特征，需求动机、潜在欲望等心理特征，理解能力、文化程度、知识水平等学识特征，以便针对其特征来拟题。

③ 拟定并编排问题。首先构想每项资料需要用什么样的句型来提问，尽量详尽地列出问题，然后对问题进行检查、筛选，看它有无多余的问题，有无遗漏的问题，有无不适当的问句，以便进行删、补、换。

④ 进行试问试答。站在调查者的立场上试行提问，看看问题是否清楚明白，是否便于资料的记录、整理；站在应答者的立场上试行回答，看看是否能答和愿答所有的问题，问题的顺序是否符合思维逻辑。估计回答时间是否合乎要求。有必要在小范围进行实地试答，以检查问卷的质量。

⑤ 修改、复印。根据试答情况，进行修改，再试答，再修改，直到完全合格以后才定稿付印，制成正式问卷。

5）问卷设计应注意的问题

（1）问卷的开场白

问卷的开场白，必须慎重对待，要以亲切的口吻询问，措辞应精心切磋，做到言简意明，亲切诚恳，使被查者自愿与之合作，认真填好问卷。

（2）问题的字眼（语言）

由于不同的字眼会对被调查者产生不同的影响，因此往往看起来差不多的相同的问题，会因所用字眼不同，而使应答者作不同的反应，作出不同的回答。故问题所用的字眼必须小心，以免影响答案的准确性。一般来说，在设计问题时应留意以下几个原则：

① 避免一般性问题。如果问题的本来目的是在求取某种特定资料，但由于问题过于

一般化,使应答者所提供的答案无多大意义。

例如:某酒店想了解旅客对该酒店房租与服务是否满意,因而作以下询问:

你对本酒店是否感到满意?

这样的问题,显然有欠具体。由于所需资料牵涉到房租与服务两个问题,故应分别询问,以免混乱,如:

你对本酒店的房租是否满意?

你对本酒店的服务是否满意?

② 问卷的语言要口语化,符合人们交谈的习惯,避免书面化和文人腔调。

③ 注意问题的选择及顺序。

通常问卷的头几个问题可采用开放式问题,旨在使应答者多讲话,多发表意见,使应答者感到十分自在,不受拘束,能充分发挥自己的见解。当应答者话题多,其与调查者之间的陌生距离自然缩短。不过要留意,最初安排的开放式问题必须较易回答,不可具有高敏感性如困窘性问题。否则一开始就被拒绝回答的话,以后的问题就难继续了。因此问题应是容易回答且具有趣味性,旨在提高应答者的兴趣。核心问题往往置于问卷中间部分,分类性问题如收入、职业、年龄通常置于问卷之末。

问卷中问题的顺序一般按下列规则排列:

a. 容易回答的问题放前面,较难回答的问题放稍后,困窘性问题放后面,个人资料的事实性问题放卷尾。

b. 封闭式问题放前面,自由式问题放后面。由于自由式问题往往需要时间来考虑答案和语言的组织,放在前面会引起应答者的厌烦情绪。

c. 要注意问题的逻辑顺序,按时间顺序、类别顺序等合理排列。

 案 例

问卷调查法的应用

以欧时力、摩安珂、地素以及太平鸟为主要研究对象,结合消费者态度三元论及社会化媒体营销效果,以品牌为控制变量,将社会化媒体用户偏好划分为 3 个阶段,分别为认识、欣赏、行动,用来评价社会化媒体营销方式的三个方面(平台、内容、行为),搭建问卷设计框架。并提出如下假设:

H1:消费者涉入度对内容欣赏存在显著影响。

H2:趣味性内容对消费者行为有正向影响作用。

H3:利益性内容对消费者行为有正向影响作用。

H4:互动性内容对消费者行为有正向影响作用。

H5：个性化内容对消费者行为有正向影响作用。

问卷的具体设计过程如下：

（1）参考涉入理论与技术接受模型确定了消费者平台涉入层面变量的题项；

（2）为确保题项设计的合理性以及可操作性，采取头脑风暴的方式对欣赏层面变量的题项进行再次检验，根据讨论结果对部分测量项目进行了调整和补充，得到预调查量表；

（3）发100份问卷进行预调研，通过对预调研数据的分析确定最终的量表设计。

问卷中涉入层面的变量题项均采用二项选择题形式，共8个题项，被调查者选择"是"或"否"作答，详见表4-1。

表4-1 涉入层面变量题项设计

维度	编号	题项设计
态度	AA01	您愿意通过社会化媒体平台得到喜爱的女装品牌的相关信息
	AA02	您每次都会较认真地阅读品牌的推送信息
	AA03	您认为女装品牌的社会化媒体营销是一种有趣的营销方式
	AA04	您认为女装品牌直播秀是一种有吸引力的营销方式
认知	AB05	您认为社会化媒体平台推送更能引起您参与品牌相关活动的兴趣
	AB06	您认为社会化媒体平台更有助于您参与到品牌的相关活动
	AB07	您认为女装品牌的社会化媒体营销方式更易引起您对产品/品牌的兴趣
	AB08	您认为女装品牌的社会化媒体营销方式有助于您更好地认识产品/品牌信息

问卷中欣赏层面变量题项包含1道先导题，以三八妇女节为案例，对欧时力、摩安珂、地素、太平鸟时尚女装在趣味性、利益性、互动性以及个性化4个维度的具体营销内容进行挑选作为选项，使被调研者产生相关联想，此外还涵盖了这4个方面的共计16条情景模拟内容。行为因变量题项为对所列出的16条情景模拟内容逐一在关注、点赞、评论、分享4个行为层面上打分作答，形成用户营销内容偏好量表，评分采用李克特5级量表法，详见表4-2。

表4-2 涉入层面变量题项设计

类别	维度	编号	情景模拟
趣味性内容	明星影视	BA02	品牌发布了我关注的明星（电视节目、影视剧、专辑等）信息
	明星访谈	BA03	我关注的明星做客品牌直播间，可以看到他的独家访谈
	生活趣味	BA04	品牌发表了时尚的生活方式（宠物、旅行、星座、家居等）
	节日祝福	BA05	品牌给我发来了节日祝福，还有品牌特质的精美卡片

（续表）

类别	维度	编号	情景模拟
利益性内容	产品特价、限时促销	BB06	品牌发布了打折信息，可以看到最新的活动折扣款
	优惠券、消费券	BB07	品牌发布了购物优惠券，在官网上购物可抵现
	消费满减	BB08	品牌发布了满减活动，在官网购满一定金额可直接减免
	购满礼赠、奖品	BB09	购满一定金额可得到定制的小礼物，累计金额第1名还有大奖
互动性内容	买家秀、照片分享	BC10	品牌邀请我参加买家秀活动，分享自己的穿搭就能赢取福利奖励
	参与话题	BC11	品牌邀请我追新剧，参与聊八卦还能赢取福利奖励
	参与投票	BC12	品牌邀请我参加投票，所投的选项拿到第1名就能赢取福利奖励
	转发集赞	BC13	品牌邀请我分享品牌主题活动，点赞最多的可赢超级大奖
个性化内容	新品上架	BD14	品牌店铺上新，可看到最新一季的新款上线
	单品推荐	BD15	品牌为我推荐了时尚搭配，正好适合我出游约会穿着
	搭配推荐	BD16	品牌为我推荐了工作穿搭，正好能为我的工作日着装提供参考
	发布会、品牌联名	BD17	品牌直播了新一季发布会，可看到最新的流行趋势和时尚信息

调研期间共发放 322 份问卷，回收有效问卷 306 份，得出结论：不同年龄、职业、教育、收入的人群在服装购买情况及社会化媒体使用情况上具有差异，且用户社会化媒体涉入度对营销内容欣赏的影响不具有显著性；趣味性、利益性、互动性以及个性化内容对消费者在社会化媒体上的关注、点赞、评论、分享行为存在正向影响。

来源：李敏，甘美辰，毛成吉.用户偏好对女装品牌社会化媒体营销的影响[J].纺织学报，2018，39(04)：163-169.

3. 网络问卷

利用互联网进行问卷调查有以下三种主要方式。与传统问卷调查相似，每种方式都需要规划和良好设计，研究人员需要根据需求和资源选择合适的方式。

（1）电子邮件调查表：将问题作为电子邮件的一部分发送给受访者。这种方式的优点是结构简单、易于回答，受访者只需完成答案并通过回复按钮发回。然而，缺点是部分问卷可能没有得到正确填写，并且设计受限制，无法设计具备吸引力的外观和功能。

（2）作为电子邮件附件发送的调查问卷：在电子邮件中附带问卷作为附件发送。这种方式提供了更多的设计功能，可以使用文字处理或电子表格软件创建具有吸引力的问卷。但是，回复过程相对于电子邮件问卷来说更复杂，受访者需要打开、完成和保存附件，然后重新附加到电子邮件回复中。

（3）基于网络的调查问卷：将问卷放在网站上，受访者可以通过访问的网页形式参与调查。这种方式有三个优点：首先，可以利用网页的各种设计功能，使问卷具有吸引力，包括按钮、图标和框架等，并且受访者可以一键提交已完成的问卷，研究人员可以通过勾选框和文本输入框获取答案。其次，回复可以自动读取到电子表格或数据库中，提高数据收集的速度和准确性。此外，可以通过向受访者发送电子邮件告知他们调查的情况，并在电子邮件中提供问卷网站的链接，这样受访者只需点击链接即可访问网站并填写问卷。然而，这种方式的缺点是需要研究人员具备更多的技术技能，并需要网络托管资源。

4. 问卷调查的优缺点

研究问卷的评估可以基于两个基本标准。第一个标准是评估问卷是否提供了关于特定研究主题的全面信息。问卷的价值在于它是否能够覆盖与研究领域相关的所有重要信息。这意味着问卷需要涵盖足够广泛的内容，以确保研究主题得到充分探索。第二个标准是问卷提供准确信息的可能性。我们需要考虑问卷上的回答有多少准确性和可信度。我们希望受访者能够提供尽可能完整和诚实的答案，而不希望受到恶意尝试的影响或得到因模棱两可的问题产生的错误答案。故问卷设计需要避免引导性问题、双重否定或其他可能导致答案不准确的问题形式。

1）调查问卷的优点

（1）经济性：问卷调查相对较为经济，能够以较低的成本（如材料、金钱和时间）收集大量研究数据。

（2）便捷性：相比个人访谈，问卷法更容易展开调查。问卷可以在未经通知的情况下发送给受访者，不需要特定的安排。虽然一些研究人员会在发送问卷之前与受访者联系以提高回复率，但这并非必需。

（3）标准化答案：问卷提供了标准化的答案，所有受访者都被问到完全相同的问题。与面对面接触不同，问卷的数据收集不受问题措辞或提问方式的影响，减少了数据污染的可能性。这样的标准化答案也减少了数据受到"人际因素"的影响。

（4）预先编码的答案：问卷鼓励受访者提供预先编码的答案。这对于整理和分析数据非常有价值，尤其是当受访者的答案与研究人员提供的选项一致时。这使得数据的处理更加快速和简单，对于受访者而言，他们只需从提供的选项中选择适合自己的答案，而不需要考虑如何表达自己的观点。

（5）数据准确性：使用互联网进行的调查设计可以将填写的问卷数据直接输入到数据文件中，实现数据输入的自动化。这消除了手动读取纸质问卷回复并通过键盘手动输入数据时出现的人为错误。先进的设计技术还可以确保互联网问卷的完成度，这在与需要通过光学阅卷机读取的纸质问卷相比具有优势。

2）问卷调查的缺点

问卷调查方法固然有其优点，但也存在一些缺点，其中三个主要缺点如下：

（1）尽管使用预先编码答案的好处在于简化受访者的回答过程，然而，这种限制性和约束性的特点有可能引起受访者的不满情绪，从而对其参与度产生负面影响。

（2）预先编码问题可能导致研究结果偏向研究人员的观点，而不是受访者的真实观点。问卷设计可能在答案选择上施加一种结构，塑造出与研究人员思维相一致的答案，但未必反映受访者的实际看法。虽然良好的研究应该尽量减少这种偏向性，但仍然存在受访者可能提供与其真实观点不符的答案的可能性。

（3）由于问卷是通过远程方式完成的，研究人员无法像面对面交流那样依赖可能在交流中获得的线索来验证答案的真实性。在面对面采访中，访谈人员可以通过观察答案的一致性（如所述职业和收入水平的明显不一致）来探究答卷的真实性，但在问卷调查中，研究人员通常只能接受受访者所提供的答案，无法进一步进行验证。

5. 问卷使用清单

1. 是否有充足的时间来计划、设计和制作问卷？ ☐
2. 研究时间表是否允许受访者有足够的时间完成和返回问卷？ ☐
3. 是否分配了资源来支持问卷的制作和发放所涉及的费用？ ☐
4. 是否对问卷进行了试行测试？ ☐
5. 问卷的布局是否清晰易读？ ☐
6. 是否对问卷的目的进行了清晰的解释？ ☐
7. 问卷上是否提供了联系地址？ ☐
8. 是否向受访者表达了感谢之意？ ☐
9. 是否确保了数据的匿名性和保密性？ ☐
10. 问卷是否包含序列号？ ☐
11. 是否提供了明确的指示说明如何回答问题？ ☐
12. 是否检查了问题，以避免重复或混淆？ ☐
13. 问题是否表达清晰、明了？ ☐
14. 是否排除了所有非必要的问题？ ☐
15. 问题的顺序是否合理？ ☐
16. 封闭式问题是否能产生所需的数据（例如定类、定序、定距、定比、离散和连续）？ ☐

4.4 观察

科学观察是科学研究中一种最基本的研究方法，也是在科学研究中获得第一手资料和感性认识的必不可少的环节。科学观察是人们根据研究课题，利用眼睛、耳朵等感觉器官或通过辅助仪器和其他科学手段,有目的、有计划地对明确的观察对象进行系统观察。系统观察力求全面,一般要有详细的、准确的记录,并运用已知的科学理论去判断观察的结果。

日常观察多属于随意性观察,没有记录的要求。科学观察具有目的性、计划性、系统性和重复性的特点。日常观察是通过看、触、尝、嗅等,消极接受外界对感官的刺激。日常观察是基础,科学观察是发展。社会科学研究中的观察主要有两种形式:系统观察和参与观察。

系统观察:系统观察源自社会心理学,尤其是对学校教室等环境中互动的研究。它通常与产生定量数据和使用统计分析相关联。系统观察以结构化的方式进行,研究人员根据预先定义的目标和操作定义进行观察,并使用观察表格、检查表或编码系统记录观察到的行为。它关注行为的频率、时长、顺序等特征,提供客观和可量化的数据。

参与观察:参与观察主要应用于社会学和人类学领域,研究人员积极参与研究对象所处的社会群体或环境中,并同时进行观察和参与。参与观察的目的是获得对文化、价值观、行为模式等方面的深入理解。研究人员通过与观察对象建立信任和合作关系,长时间地与他们接触,并融入他们的社会群体中。参与观察通常产生质性数据,用于揭示背后的动机、意义和文化背景。

观察性研究需要直接观察、实地考察、关注自然环境和考虑个人因素。观察性研究通过直接观察现实生活中的情况来收集数据,而非在实验室等人为创造的条件下观察。观察性研究要求研究者在现实生活中参与实地考察并收集一手数据。在进行研究时,保持环境的自然性是重要的,要观察事物在自然条件下的发生情况,而不是实验室等人为创造的条件。最后无论是系统观察还是参与观察,都可能受到研究人员个人看法等因素的影响,导致数据不可靠,应当尽量克服人为因素。

1. 感知和观察

感知和观察在研究过程中具有重要意义。感知是指通过感官对外界事物进行感知和理解的过程,而观察是有意识地观察和记录现象、行为或事件的过程。观察可以分为直接观察和间接观察两种方式。直接观察是研究者亲自参与或目睹被观察对象的行为,而间接观察则是通过观察记录、文献分析或其他可靠来源获取关于被观察对象行为的信息。在进行观察研究时,感知和观察的过程对于获得准确的观察结果至关重要。

当两位研究人员同时观察同一事件时,可能会出现记录不一致的情况。这一现象可以归因于多种因素。首先,每个研究人员的观察能力、回忆能力和投入程度都不同,这可能导致他们对同一事件产生不同的记录。其次,心理因素也对记录产生影响,包括记忆和感知的脆弱性以及信息选择性。我们的大脑通过过滤器来选择性地接收和处理感官输入,这意味着我们会更加关注某些信息,而忽略其他信息。同时,个体的过去经验、情感状态和当前情境也会影响感知和观察,使得不同人可能对同一事件产生不同的解释和反应。因此在研究中应该谨慎考虑这些因素,以确保获得可靠和准确的观察数据。

2. 系统观察和观察计划

系统观察和观察计划是研究中常用的工具,用于系统地收集和记录观察数据。系统观察指的是研究者按照事先制定的计划和标准,有目的地观察和记录特定事件或行为的过程。观察计划表则是在进行系统观察时所使用的指导性文档,其主要目的是最大限度地减少或消除个体感知差异对观察数据的影响。观察计划为观察提供了一个框架,以确保所有观察者在观察过程中能够做到以下几点:首先,对相同的活动保持警觉并寻找相同的事物;其次,系统而全面地记录数据;最后,产生观察者之间一致的数据,即不同研究者对同一事件的观察记录应该是相同的。为了实现这三个目标,观察计划中包含了一个类似于清单的项目列表。研究者使用观察计划时,会监控清单中的项目,并在其发生时进行记录。这样,所有观察者的注意力都集中在相同的事物上,系统观察的过程变成了测量和记录事件发生次数或某个事件持续时间的过程。通过这种方式,事件会被永久记录,这些记录应该在使用相同观察计划的所有研究者之间保持一致,前提是研究者经过适当的培训和积累了观察经验,具备高度的可靠性。

然而,观察计划结果的有效性取决于计划中的项目是否适用于具体情况。精确测量与研究问题和观察方法相关的项目是至关重要的,否则将不会推动研究进展。因此,在选择观察计划中的项目时,需要谨慎挑选,只有在这些项目对于所研究的问题和观察方法都合适的情况下,观察计划的结果才具有价值。此外,需要注意的是,系统观察和观察计划并非无所不能,也存在一些限制和挑战。可能出现的问题包括观察者偏见、观察效应和观察对象的意识影响等。因此,在进行系统观察时,研究者应该尽量减少这些潜在偏差的影响,并采取适当的校正措施以确保数据的可靠性和有效性。

3. 创建观察计划

观察者可以以多种方式测量事件发生的情况,具体选择的方式取决于事件本身以及研究结果的目的。观察可以通过以下方式进行:

(1)事件频率:对观察计划中的类别/项目发生的频率进行计数。

(2)特定时间点的事件:在特定的时间间隔(例如 25 秒),观察者记录该时刻发生的事件。这可能涉及记录同时发生的多个事件。

(3)事件持续时间:当事件发生时,记录时间以获取每个类别总共持续的时间信息,并了解这些事件在观察期间的整体时间段内发生的时机。

(4)人员样本:可以观察特定个体一段预定的时间,然后将注意力转移到其他人员,以获得涉及所有人员的全面数据。

案　例

服装厂运用观察时间表了解生产进度

在服装厂生产中,为了解各个服装生产工艺计划中所需要的时间和实际完成所需要的时间,可以运用设计生产流程管理表创建观察计划。通过对比计划和实际生产所用的时间,观察各个流程的推进情况,可以直观地看出哪个流程生产进度良好,而哪个流程生产滞后,是生产的瓶颈工序,从而推动整个生产流程的持续。

图片					
		_____ **设计生产流程管理表**			
				设计师:	
序号	**相关流程**	**计划时间**	**实际时间**	**责任人**	**备注**
1	样衣面辅料采购				
2	制版				
3	样衣制作				
4	版型、工艺审核				
5	下单				
6	生产计划表				
7	大货面辅料采购				
8	面辅料检测				
9	放码				
10	排唛架				
11	工艺单				
12	大货面料预缩				
13	裁床				
14	面辅料发工厂				
15	工厂封样审核				
16	生产合同订立				
17	正式投产交货				
18	成品尺码核对				
19	生产工艺质检				
20	入库				

在选择观察计划中的项目时,需要考虑以下七个条件,以确保其适用性:

(1) 明确可见性:项目应涉及明确可见且可以直接观察和测量的行为。对于研究者而言,像态度和思维等无法直接观察的内容需要进行推断。

(2) 明显性:项目应尽量减少研究者的解释。研究者应能够清晰地理解行为,并无需猜测其属于哪个类别。

(3) 与环境无关性:行为的解释不应受到环境和情境的显著影响。观察者应能够在不同情境下一致地解释行为。

(4) 相关性:项目应为所研究内容提供最相关的指标。研究者应仅选择能够准确反映所研究内容的有效指标。

(5) 完备性:项目应涵盖所有可能性。需要注意确保观察计划中的类别能够全面覆盖各种情况,避免出现明显的遗漏。

(6) 精确性:类别应无歧义。需要明确定义每个类别,并确保类别之间没有重叠。类别应为所研究内容的最相关指标。

(7) 易记录性:项目应具有足够的规律和连续性,以便观察者能够准确记录和有效记录事件。如果某个类别相对较少出现,等待事件发生会浪费时间,因此选择观察类别时需考虑实际可行性。

在进行观察时,研究者需要考虑抽样和观察的方法。以下是一些相关的考虑:

(1) 抽样方法:研究者需要选择适当的抽样方法来选择观察的对象。抽样方法应该能够产生代表性的样本,以确保观察结果的广泛适用性。常见的抽样方法包括随机抽样、方便抽样和系统抽样等。

(2) 观察时间段:研究者需要确定观察的时间段。观察时间段应该根据研究问题和目的来选择,并能够涵盖所研究的事件或行为的多样性。在确定观察时间段时,应尽量避免偏见,以获取对研究对象全面准确的观察数据。

(3) 观察地点:研究者需要选择适当的观察地点。观察地点应能够提供研究对象所需的相关信息,并与研究问题和目的相匹配。在选择观察地点时,研究者需要考虑环境的特征和对行为的影响。

(4) 观察者角色:研究者需要确定观察者的角色和责任。观察者应该受过适当的培训,了解观察的目的和要求,并能够按照预定的观察计划进行观察和记录。研究者还应注意观察者的中立性和影响力对观察结果的潜在影响。

(5) 人员选择:为了获得对事件或情况全面的图像,使用系统观察可以有意地选择要观察的人员,以获得整个研究人群的代表性样本。例如,在学校教室的观察中,研究者可以提前确定样本,根据学生的性别和能力进行选择,从而确保观察基于代表性样本。

(6) 数据记录和处理:观察者需要使用适当的方法记录观察到的数据。这可以包括使用观察表格、记录设备或数字工具等。研究者还需要制定数据处理和分析的方法，以从观察数据中提取有意义的信息。

（7）伦理和隐私考虑：在进行观察时，研究者需要遵守伦理准则，并尊重被观察者的隐私权。研究者应明确告知被观察者观察的目的和方法，并获得必要的许可或同意。

通过合理选择抽样方法、观察策略和人员选择，研究者可以获得准确、可靠的观察数据，并支持研究问题的深入探索。

 案 例

<h3 style="text-align:center">观察法的应用</h3>

案例一：《服装品牌终端店铺导购销售行为研究》一文采用观察法对导购的销售行为进行自然观察，进行导购销售行为和自然环境的观察首先要确定观察内容。观察内容的确定过程主要是通过销售行为因子和自然环境因子。该篇文章分两个步骤进行。第一步对导购的销售过程进行阶段划分。第二步穷尽导购在各阶段发生的销售行为和卖场特征因子，并对所穷尽的因子按照是否可量化进行分类。

案例二：《顾客在服装模拟零售环境中的运动状态研究》一文中采用自然观察法，经过观察，发现在服装卖场内，顾客从进入卖场起至离开卖场止发生的动作包括：行走（进入状态，步速，通道选择），观看服装，触摸服装，拿服装，比划服装，看标签，试穿，照镜子，交谈，休息，等待，付款。这是顾客在服装卖场内可能发生的行为动作，但对具体对象而言，并不是所有行为动作都必须发生。并运用问卷调查法优化影响因素然后在此基础上运用实验法进行因果关系的探索从而确定服装卖场内各因子对运动状态的影响。

案例一中观察时店铺内随机选择一名导购进行跟踪，从其与顾客打招呼开始记录下观察开始时间。根据观察记录表，尽可能详细地跟踪记录导购在销售过程中的行为特征。跟踪到消费者离开店铺为止，记录下观察结束时间。

案例二主要通过自然观察法观察顾客在服装卖场环境内的运动方式，以此来探究服装卖场内各因子对运动状态的影响。

两者在研究过程中，首先都是在自然环境中进行的，对自然状态下的研究对象进行观察并收集资料。其次，对正在发生、发展和变化的社会现象或人的行为进行观察和记录。然后通过相关的记录情况进行数据分析，探究研究因子之间的关系。

参考文献：

何晓丽. 服装品牌终端店铺导购销售行为研究[D].上海：东华大学,2009.

万艳敏,金紫嫣,丁君.顾客在服装模拟零售环境中的运动状态研究[J].北京服装学院学报(自然科学版),2015,35(01)：26-31

在观察性研究中,为了在观察过程中尽量减少干扰和影响,保持被观察对象的行为和环境的自然状态非常重要。通过系统观察,保持环境的自然性取决于研究者能否淡化自己的存在,实际上变得无形。这乍看不太可能:拿着写字板和笔,看起来像一个"时间与动作"的研究者,似乎不太可能避免干扰所要测量的事件。然而,从事相关研究的人认为确实有可能"融入背景"而没有明显的影响。他们强调,为了最大程度地减少干扰,研究者应该注意以下三点:

(1)定位。不显眼的定位至关重要,同时确保研究者能够观察整个行动区域。

(2)避免互动。"社交上不可见",尽可能不与环境中的参与者互动。

(3)延长在现场的时间。系统观察者的经验是,在现场的时间越长,他们的存在就越被认为是理所当然的,对事件的影响也越小。

4. 系统观察的优缺点

系统观察的优点,具体包括下述几点:

(1)直接的数据收集。它直接记录人们的行为,而不是听他们表述做了什么。

(2)系统性和严谨性。观察计划的使用为观察者的选择性感知问题提供了解决办法。这个计划有效消除了观察者当前情绪或个人背景所产生的偏见。

(3)高效。它提供了一种在相对较短时间内收集大量数据的方法。

(4)预编码数据。它生成预先编码并准备分析的定量数据。

(5)可靠性。如果建立得当,它可以达到高水平的观察者间的可靠性,意味着两个或两个以上的观察者使用一个计划应该记录下非常相似的数据。

系统观察的缺点,具体包括下述几点:

(1)缺少意图分析。它关注于公开行为,即发生了什么,但不是为什么发生,即没有涉及意图分析。

(2)过于简单化。它假设可以用相当直接和没有问题的类别来衡量公开行为。这是基于观察者和被观察者对公开行为的理解一致的判断,公开行为不存在双重含义、隐藏含义或与之相关的混淆。因此,系统观察具有过度简单化的可能性,忽略或扭曲情况的微妙之处。

(3)背景信息丢失。观察计划本身会错过与记录行为有关的背景信息,这不是一个全面的方法。

(4)环境设置的自然性。尽管从经验中获得了信心,但关于观察者能否从背景中隐去的能力仍然是一个问号,一个研究人员真的能避免破坏环境的自然性吗?

5. 观察计划使用清单

1. 观察计划是否已试行?	☐
2. 是否已努力将观察者存在对环境自然性的影响降到最低?	☐

3. 计划的观察期是否提供了代表性样本(时间、地点、背景)？ ☐

4. 应观察的事件、行为：足够清晰明确以允许可靠的编码，与研究目的最相关指标 ☐

5. 计划是否完整(包括所有可能的事件、行为类别)？ ☐

6. 事件、行为是否定期发生，足以提供足够的数据？ ☐

7. 计划是否避免可能妨碍准确编码的事件、行为的多次同时发生？ ☐

8. 抽样的种类(事件、地点、时间)是否最合适？ ☐

9. 是否有收集与计划数据相关的背景信息的规定？ ☐

6. 参与观察

参与观察是指研究者参与被研究者的日常生活，无论是以公开身份扮演研究者的角色，还是以秘密方式伪装自己，观察和记录事件、行为以及与人们的交互对话，这一过程持续一段时间。

在参与观察中，研究者可以选择采取完全隐蔽的方式工作，以确保除了研究者本人外，没有其他人知道这项研究正在进行。这意味着研究者在观察过程中不会对被观察者的行为产生任何干扰，以维持环境的自然性。此外，参与观察还着重获取关于文化或事件的信息，这些信息可能因多种原因而被隐藏。研究者可以通过秘密参与观察来揭示那些被有意隐藏或掩盖的信息，或者通过亲身经历来理解文化或事件的内在机制，因为只有亲身经历才能让研究者真正领悟其中的关键因素。

参与观察的性质也使得研究者更加注重数据的深度而非广度。这种方法能够产生更为详细、微妙、复杂和相互关联的数据，更好地反映所研究的社会环境的细节。重要的是，参与观察强调整体理解，即通过研究对象与其他元素以及整体事件或文化之间的关系来研究个体事物，同时将事物与其背景进行研究。在这些方面，参与观察在数据的有效性方面具有很高的价值。

然而，参与观察的角色不一定需要完全沉浸其中，不同版本的参与观察方法可能涉及不同程度的参与。这可以包括完全参与、在正常环境中参与以及作为观察者参与这三种可能性。完全参与涉及研究者保持身份保密，而在正常环境中参与允许一些人知道研究者的身份，但大多数人不知道。作为观察者参与则是公开认可研究者的研究身份，允许获得知情同意，并通常采用跟踪的形式观察个体或群体的日常生活，详细了解所关注的文化或事件。

目前已经有很多方法被用来调整完全参与观察和公开观察的程度，但参与观察的基本概念围绕着以下三种可能性：

（1）完全参与，研究者的角色保密。研究者扮演一个环境中的角色，未获得被研究者的同意，这会带来伦理问题。

（2）在正常环境中参与，研究者的角色可能被某些人所知，但对于大多数在环境中的人来说可能是隐藏的。在这种类型的参与观察中，所采取的角色是有意选择的，以便在不影响环境自然性的情况下进行观察，但也允许研究者与所研究的关键群体保持一定的距离。这种距离可能是出于适当性的考虑，或者研究者没有资格来扮演这个角色。

（3）作为观察者参与，研究者的研究身份是公开认可的，因此具有从参与者那里获得知情同意的优势。同时采取"跟踪"的形式，观察一个人或群体的日常生活，目睹和详细了解参与者感兴趣的文化、事件。

神 秘 访 客

服装研究中神秘访客是研究者在正常环境中，以特殊的身份进行参与观察的研究方法。经过筛选和培训的神秘访客，以普通顾客的身份，到指定门店进行消费，对门店的环境、服务、产品等逐一评价打分，帮助企业以独特的视角，了解各终端门店的服务现状和存在的问题，并及时改善，帮助企业提升服务质量和管理水平。

7. 观察与记录

1）实地调查

研究者在进行实地调查时，不应该带有预设的假设。他们的主要目标是全面了解所研究情境，因此，在实地调查中的时间越长越有利于深入了解。优质的参与观察需要研究者投入大量时间，这不是匆忙和随意的研究方法。在实地调查中，建立信任、建立融洽关系和培养深刻洞察力是不可或缺的，而这些特质是参与观察方法的显著特点。

研究者在最初的观察阶段应该采取相对非选择性的态度，即在深入观察具体事物之前，先尝试对整个情境有一个总体感知，这被称为"整体观察"。整体观察虽然有助于背景理解，但实际上是为了更专注的观察做准备。当出现具有特殊重要性、奇怪或不寻常的事物时，观察会从广泛的环境活动中转向具体领域，引起更深入的关注。

随着进一步的观察，研究者可能会进行特殊观察，着重关注环境中出现的意外或矛盾之处。此时，注意力集中在那些与观察者的常识或预期不符的情况上。

最后，观察的目标是识别参与者自己认为至关重要的事件和问题，以了解环境成员的观点、信念和经验，以及他们如何看待事物的方式。观察的焦点在于揭示环境成员的观点、信仰和经验，以深入了解他们的视角。

2）记录实地笔记

进行实地调查的研究者需要及早将他们的观察转化为永久记录，这可以采用书面记录或录音备忘的方式来实现。无论采用哪种形式，实地调查的研究者需要制定一种记录实地笔记的策略,以确保观察得以及时记录和保存。

这种做法有两个重要原因。首先,人类的记忆具有选择性和脆弱性。如果实地笔记的记录被延迟几天,甚至几周,那么很容易遗忘一些重要的事情,尤其是次要事件和短暂的思考。因此,记录实地笔记应被视为一项紧急任务,研究者需要在研究期间定期分配时间来进行观察记录。

第二个原因是,需要在实地调查场所之外进行实地笔记的情况很普遍。显而易见,在实地进行观察时,记录实地笔记可能会干扰自然环境的真实性,并可能泄露研究者的观察者身份。因此,作为一般规则,参与性观察者需要在实地调查期间或之后,尽早建立起一种能够在私下和被观察者不知情的情况下记录实地笔记的机会。最简单的策略是在回到家后尽快书写实地笔记,前提是家与实地调查场所是分开的。

良好的做法是根据参与者的观察结果记录实地笔记。参与者的观察应当伴随着详细的实地记录,这些记录应该在每次观察后尽快完成,以确保数据的准确性和完整性。

3）科学伦理

对于研究者而言,参与观察可能会引发一系列特殊的伦理问题。在采用全面参与观察的情况下,被研究者通常不会察觉到研究的存在,因此难以提供明确的知情同意。这种隐蔽研究的合法性不依赖于同意,而主要依赖于其他两个论据。首先,如果可以证明被观察者没有因参与观察而受到伤害,研究者可以辩称遵守了某些伦理标准。其次,如果研究者可以证明参与者的身份从未被披露,那么可以合理地认为参与观察是在伦理框架内进行的。

不论采用何种形式的参与观察,机密材料可能会"落入"研究者手中。尽管这在许多研究方法中都是普遍存在的,但由于参与观察涉及研究者与被研究对象之间的亲密关系,这一风险在这种情境下更加严重。机密材料可能会在被研究者不知情的情况下意外泄露,也可能因研究者与被观察者之间建立的信任和和谐关系而被揭示出来。这一问题适用于参与观察的各种形式。伦理问题包括是否使用这些机密材料以及如何使用。在这一领域,有两个明确的准则:

（1）任何对机密材料的使用都必须确保不会对任何相关方造成伤害。

（2）任何对机密材料的使用都应避免披露涉及者的身份。

任何违反这些准则的行为都需要特别的考虑和明确的理由。

8. 参与观察的优缺点

学术研究中使用观察法具有一系列优缺点,这些优缺点在研究设计和研究目标的不同情境下可能会产生不同的影响。研究者应根据其研究问题和目标,谨慎选择是否使用观察法,并在研究设计和数据分析中考虑其优缺点。

1）观察法的优点

（1）高度自然性和真实性：观察法能够在自然环境中捕捉行为和现象，因此提供了高度自然和真实的数据。研究对象通常在其日常生活中没有感知到研究者的存在，因此他们的行为更容易反映真实情况。

（2）非依赖受访者回忆：与面谈或问卷调查不同，观察法不需要受访者回忆或主观陈述，从而减少了信息失真的风险。研究者可以直接观察行为，而不受受访者的主观解释影响。

（3）深入理解：观察法允许研究者深入理解事件、行为或现象的前因后果和背景。通过观察，研究者可以捕捉到细节和情境，这有助于更全面地理解研究对象。

（4）适用于多领域：观察法在各种研究领域都有广泛的应用，包括社会学、心理学、教育学、医学、人类学等。它适用于研究各种类型的现象和行为。

（5）无需受访者合作：与问卷调查不同，观察法不需要受访者的积极合作。这对于研究那些不愿或无法提供信息的人群非常有用。

2）观察法的缺点

（1）主观性：观察法容易受到研究者的主观偏见影响。研究者可能会选择关注某些方面，而忽略其他方面，从而导致数据的主观性。

（2）侵入性：在一些情况下，观察可能会被视为侵入个人隐私的行为，引起被观察者的不适感。这可能导致研究对象改变行为，使观察结果不够真实。

（3）限制观察对象：观察法只能用于可见的行为或现象，而对于那些不容易观察到的内在思想或情感，观察法无能为力。

（4）时间和资源消耗：观察通常需要更多的时间和资源，因为研究者需要在现场花费时间来观察和记录数据，这可能会增加研究成本和时间成本。

（5）伦理问题：在某些情况下，观察可能引发伦理问题，尤其是涉及隐私、机密性或敏感性的研究对象时，研究者需要确保他们的观察是合乎伦理的。

（6）限制一般化：由于观察法通常集中在具体的情境和个体上，因此观察结果的一般化可能会受到限制，结果可能不适用于广泛的人群或情境。

9. 参与观察检查清单

1. 是否进行了风险评估，表明没有与现场工作环境相关的特定危险？ ☐
2. 是否清楚使用了哪种类型的参与观察（完全参与、正常环境下的参与、作为观察者参与）？ ☐
3. 是否有证据表明参与观察并没有破坏环境的自然性？ ☐
4. 是否考虑到实地工作的道德规范（保密、同意）？ ☐

5. 在观察地是否花了足够的时间？ ☐

6. 是否让信任和融洽的关系得以发展？ ☐

7. 是否允许详细观察和深入了解情况(细节、背景、相互关系)？ ☐

8. 参与观察是否能让我们对事件、现象和行为有其他方法无法做到的洞察力？ ☐

9. 现场记录是否在参加现场活动时或在参加现场活动后不久制作的？ ☐

4.5　访谈

1. 访谈的定义及其适用范围

访谈作为研究的一种方法，初看之下似乎简单直接，不涉及复杂的技术设备，且依托研究者已具备的对话技能。然而，实际操作远比表面上看来复杂。尽管访谈与日常对话在表象上有诸多相似之处，实际上访谈超越了普通对话的范畴。根据以往学者的研究，访谈包含了一些特定的假设和情境理解，这些在日常对话中通常并不存在。

访谈法涉及调查员与被调查对象之间的面对面互动，旨在收集口头信息。这种方法通常在直接接触的情境下进行，调查员与被调查对象建立联系，提出问题，记录答案，并详细观察动作、行为和印象。根据研究的具体问题、目的或对象的不同，访谈可采用结构化或非结构化的形式，广泛应用于多个领域，是深入理解被调查对象信息和观点的有效工具。

重要的是，参与访谈需要得到被访者明确的同意。这一点对研究伦理尤为重要。访谈不是通过秘密录音或将随意对话作为研究数据，而是一次明确旨在产生研究资料的会议，被访者对此有清晰的理解并给予同意。

在访谈中，被访者的话被视为"有记录的"和"为了记录"，尽管被访者可以要求不公开其言论或不归属于其个人。除非被访者明确指出，否则访谈内容默认为"有记录的"。

访谈的议程由研究者设定，尽管研究者的控制程度可能因访谈风格而异，但存在一种默许的协议，即讨论的进程和议程由研究者控制。

访谈与普通对话的表面相似可能导致误解其简单性。我们大多数人都能进行日常对话，从而可能认为访谈也应直接明了。然而，问题在于，研究者可能因此产生虚假的安全感，对访谈的规划、准备和实施采取过于轻松的态度，这在涉及问卷或实验的研究中不太可能发生。事实上，访谈并非易事，它充满了隐藏的风险，除非有周密的规划、适当的准备和对访谈过程中复杂互动性质的敏感性，否则可能会失败。因此，访谈是一种复杂的研究方法，需要研究者对其结构和过程有深刻理解，并进行严谨的规划和准备。正确执行的访谈可以为研究提供深入且独特的见解和数据。

访谈作为项目研究中的数据收集方法，在获取直接的事实信息方面具有一定的用途。然而，其在探索更为复杂和细微的现象方面显示出更高的潜能。若研究目标仅限于搜集简单且无争议的事实数据，问卷调查或许是一种更经济高效的选择。但在需要深入理解受访者的观点、情感、情绪和经验等方面时，访谈显然成为更加合适的方法。特别是，访谈——尤其是深度访谈——非常适合于收集以下方面的数据：

（1）观点、情感、情绪和经历。鉴于这些内容的性质，它们需要更为深入和细致的探索，而不是仅以简短的文字表述。

（2）敏感话题。当研究触及可能被视为敏感或极为私人的议题时，采用访谈方法是恰当的。通过谨慎而周到的方法，研究者可以鼓励参与者以开放而坦诚的态度讨论个人和敏感的问题。

（3）独特信息。在这种情形下，选择访谈的理由是为了获得与领域中关键人物接触所提供的独特信息。只有当信息提供者愿意并且能够分享他人无法提供的知识时，通过访谈获得的深层信息才能体现出其最大价值。这些信息通常来自于身处特殊位置并拥有独到见解的人士。

在决定是否在研究项目中采用访谈法时，研究者需考虑其作为数据收集手段的实际可行性。在实施访谈计划之前，研究者应确信：

（1）能够直接接触到潜在的受访者。除非有充分的理由相信可以接触到所需的个体，并且能从所有参与研究的方面获得同意，否则进行访谈是没有意义的。

（2）在时间和旅行成本方面，访谈的可行性。在资源有限的情况下，研究者需要确保受访者的地理分布不过于广泛，以及实施访谈不会带来过高的成本。

2. 访谈的分类

访谈法作为一种多样且灵活的研究工具，可以根据不同维度被划分为多种类型。首先，从研究者与受访者的交流方式来看，访谈可以分为直接访谈和间接访谈。直接访谈涉及研究者与受访者面对面的互动，而间接访谈则可能通过电话或数字媒介进行。在参与人数方面，访谈可被划分为一对一访谈和小组访谈。一对一访谈通常涉及单个研究者与单个信息提供者之间的对话，而小组访谈则包括多个受访者同时参与。从访谈过程中的控制程度来划分，访谈可分为结构化访谈、半结构化和非结构化访谈。结构化访谈在问题和答案的格式上具有严格的控制，类似于面对面实施的问卷，适用于收集定量数据。而非结构化访谈则更为灵活，更强调深入探索受访者的观点、感受和经验，适用于定性研究。半结构化访谈作为这两种方式的中间形态，既有一定的结构，又允许灵活性，以适应研究的需要。

1）结构化访谈

结构化访谈严格控制问题和答案的格式。本质上，它类似于面对面实施的问卷调查。研究者拥有预先确定的问题清单,受访者被邀请提供限定选项的回应。问题措辞、出现顺序以及提供的答案范围的严格控制,实现了"标准化"的优势。每位受访者面临相同的问题,预设的答案范围简化了数据分析。这使结构化访谈特别适用于收集定量数据。

结构化访谈常用于社会调查,目的是从广泛的受访者中收集大量数据。随着技术发展,使用笔记本电脑进行计算机辅助个人访谈成为趋势。其优势在于使用具有内置错误检查的软件,快速分析数据,但其初期成本较高,因此更适用于大规模调查。

2)半结构化访谈

在半结构化访谈中,访谈者仍然有清晰的问题列表和需要解答的问题清单。然而,在半结构化访谈中,访谈者准备灵活地处理议题的讨论顺序,并且更重要的是,允许受访者发展想法并更广泛地谈论研究者提出的问题。答案是开放式的,更强调受访者阐述感兴趣点。

3)非结构化访谈

非结构化访谈在强调受访者思想的程度上更进一步。研究者的角色是尽可能不显眼——通过引入一个主题或话题来开始讨论,然后让受访者发展自己的想法并追寻自己的思路。

半结构化和非结构化访谈实际上是一个连续体,在实践中,任何一次访谈可能会在这个尺度上灵活变动。它们的共同点,也是与结构化访谈的不同之处,在于它们愿意允许受访者使用自己的语言和发展自己的思考。允许受访者"畅所欲言"是发现复杂问题的更好方式,一般来说,半结构化和非结构化访谈的目标是"发现"而非"核实"。

4)一对一访谈

一对一访谈涉及单个研究者与单个信息提供者之间的对话。这种格式的优点包括易于安排、观点来源清晰、易于控制交流内容。特别是在录音转录时,只涉及一个受访者的语音,使得转录过程更为简单。

5)小组访谈

一对一访谈的局限在于它限制了研究者可获取的观点数量。小组访谈通过同时访问多个人,大幅增加研究参与者的数量和范围。小组访谈可以类似于一对一访谈进行,但区别在于每个问题不仅引发一个受访者的回应,而是可能从多个人那里得到反馈。

小组访谈不仅能提高数据的代表性,而且其群体讨论的特性可引导参与者作为群体的一部分而非个体单独回应。这种互动侧重于利用群体动力学来促进参与者的参与,鼓励他们表达自己的想法,反思他人的观点。小组访谈的价值在于其能够激发更丰富的讨论,探索更深入的见解。

6）焦点小组

焦点小组是一种由少量人员组成的研究方法，由一位专业的"主持人"（通常是研究者）召集，用以深入探索参与者对特定主题的态度、看法、感受和想法。这种访谈通常持续1.5至2小时，是评估一群人对某一特定议题是否存在共识的有效手段。在理想情况下，一个焦点小组应包含6至9名成员。这个数量足以确保小组中存在多样化的观点和意见，同时也便于管理讨论。在小规模研究项目中，出于成本和时间的考虑，参与人数可能会更少。组织焦点小组不仅涉及物流和协调问题，还需要考虑成本，例如会场安排、参与者交通补助等。

焦点小组具有三个显著特性：

（1）会话具有明确的焦点，讨论基于所有参与者对于某一项目或体验有共同的了解和认识；

（2）特别强调小组内部的互动作为获取信息的主要方式；

（3）主持人的角色主要是促进小组互动，而非直接主导讨论。

7）互联网访谈

随着技术的发展，访谈和焦点小组也可以通过互联网平台进行。这种方式在减少旅行时间和成本方面具有明显优势，且相关技术已广泛可用。例如，通过微信、腾讯会议等视频通讯软件，研究者可以几乎不花费任何成本地与任何具有互联网连接的人进行面对面访谈。使用网络摄像头还允许访谈包含视觉元素，增强交流的直观性。

访谈作为一种数据收集方法，根据研究目的和内容的复杂性，研究者可以选择最合适的访谈类型，以获取最有价值的信息和洞见。

3. 访谈规划和准备

访谈法一般从以下几个步骤来完成：访谈准备、进入访谈、访谈记录与资料整理。

进行访谈的充分准备是实现有效访谈的基础。首先，明确访谈的目标和核心任务至关重要，这包括对访谈对象的精心选择。随后，制定详尽的访谈计划，涵盖访谈的形式、时间、地点等关键要素。选择的时间和地点应确保受访者的安全和舒适。在制定访谈计划时，根据访谈目的，列出需要解决的问题，准备访谈问卷或提纲。如果采用结构化访谈，应首先编制问卷，其构建要求与调查问卷相似，可包括开放式、封闭式和半封闭式问题。开放式问题在访谈中尤为常用，因为它为受访者提供了广阔的解释空间。在问题设计中，除了使访谈题目表达自然外，还应在实质性问题中刻意加入一些验证性问题，以核实受访者回答的真实性。在某些具体问题之前，可设计过滤性问题，以确定这些问题是否需要被回答。必要时，可在正式访谈前进行预访谈。

开始正式访谈时，控制整个访谈流程及与受访者之间的关系至关重要。在访谈伊始与受访者初次接触时，应亲切自然，不卑不亢地介绍自己的身份和研究目的、意义及内容，请求支持和合作,并在必要时出示相关证件消除疑虑。访谈者应肯定地表达访问意愿。正式开始访谈后,拉近与受访者的关系至关重要,特别是在探讨敏感主题时,需要积极打破僵局。为此,访谈者应留下温和、亲切、可信的第一印象。避免穿着打扮过于前卫或与受访者差距过大。此外,在整个访谈过程中,态度应保持客观,措辞不宜激烈,给予受访者充分的表达空间。访谈节奏不宜过快或拖沓,敏感问题前应有适当铺垫,过程中可适时作出回应。访谈者不仅是提问者和听众,还需要及时传达自己的态度、意图和想法给对方。

访谈的记录与资料整理是判断访谈成功与否的关键。通常,需要将整个访谈流程和内容完整记录下来。除了直接笔录外,还可以使用辅助设备如录音笔、摄像机等,但必须事先征得受访者同意。最后,需要客观地整理所获得的资料。鉴于访谈法可能受受访者主观因素影响较大,整理过程中访谈者需保持理性、细致和客观,避免带入个人情感。

在服装领域的研究案例中,访谈法可以应用于探索消费者对于新款服装设计的感受、购买意向,或是了解行业内专家对于当前时尚趋势的看法。例如,一项关于可持续时尚的研究可能通过访谈收集设计师、制造商和消费者的观点,以揭示可持续实践在服装行业中的实际应用和挑战。在此类研究中,访谈者需要深入了解时尚行业的特点和术语,以确保问题的相关性和深度,从而获得有价值的见解。通过这种方法,研究者可以深入探究行业内部的动态和消费者的行为模式,为服装行业的发展和创新提供实用的见解。

1）讨论主题

在非结构化访谈中,理论上研究者应避免带有预设想法关于访谈的重点和方向。然而,在实际操作中,绝对的非结构化访谈较为罕见。大多数情况下,研究者会带着特定的研究议程和计划进行访谈。如果研究者未能充分准备并深思熟虑地确定访谈的关键议题,可能会导致研究的不确定性和风险。这并不意味着研究者在每次访谈前都必须制定严格的问题框架,尽管在结构化访谈中这是常见做法。相反,如果研究者对话题有深入了解并做好了相应的准备工作,访谈的效果将更佳。

2）信息提供者的选择

选择信息提供者时,原则上研究者可以依据随机抽样进行。然而,实际上这种做法不太常见。由于访谈涉及的人数通常比问卷调查少,所以选择被访者更可能基于非概率抽样。例如,在服装领域的研究中,选择合适的信息提供者至关重要。研究者通常有意选择那些能够为研究提供特殊见解或独特贡献的人,例如行业专家、设计师或服装品牌的关键人物。但应当强调,选择被访者的准则因研究目的的不同而异。如果研究旨在获得可推广的结果,那么选择代表性样本进行访谈显得尤为重要;若目的是深入探索特定情境,则选择领域内的关键人物更为关键。

在集体访谈中,研究者可以根据需要选择被访者,以便在小组内获得多样的观点,或者确保小组成员在讨论话题上持有不同的观点。

3）获得授权

在许多研究情境中，获取相关权威机构或个人的许可是开展访谈的前提条件。这一点在涉及组织内部或涉及潜在易受伤害群体的研究时尤为重要。例如，在与服装工厂工人进行访谈之前，可能需要获得工厂管理层的许可。当研究涉及学校学生时，研究者需获得相应组织或法定监护人的批准。研究者需要通过明确的沟通，确保所有相关方都理解研究的目的和方法，并对其表示同意。有效的联络信件应详细阐述研究的合法性和研究者的资质，以确保研究的顺利进行。

4）安排访谈场地

在安排访谈场地时，选择一个适宜的环境对于确保访谈的顺利进行至关重要。研究者需考虑到场地的私密性、安静程度及方便程度，以确保受访者能在无干扰的环境中畅所欲言。

在面对面访谈的情况下，如果提前联系并获得被访者的同意，安排访谈通常会更容易。这也使双方可以安排一个共同方便的时间进行访谈。在这种情况下，研究者可能会被询问访谈需要多长时间，因此应准备好回答，研究者需要提出一个具体的时间长度，无论是 15 分钟、半小时、45 分钟还是一个小时。

在现场进行面对面访谈时，研究者不能总是按其希望的方式控制事件。这意味着存在可能会出错的风险。无论通过何种方式，研究者都需要努力找到一个不受干扰、提供隐私、拥有良好效果且相对安静的访谈地点。

在访谈室内，安排座位的方式应允许研究者和被访者（们）舒适地进行交流。在一对一访谈中，研究者应尽量安排座位，使双方成 90 度角相对。这样可以进行眼神交流，而不会产生直接对坐的对抗感觉。在集体访谈中，重要的是安排座位以允许所有参与者之间的互动，同时不要使研究者成为焦点，并避免将个别人隐藏在小组的后面或外围。

4. 访谈的实施

在访谈实施过程中，研究者需要注意多个方面，包括访谈的开场、监控进展以及适时结束访谈。在访谈开始时，适当的开场问题和热身对话可以帮助受访者放松，而在访谈过程中，研究者需要敏锐地捕捉被访者的关键观点，识别潜在的逻辑和不一致性。最后，在访谈结束时，确保有序地总结讨论，并对参与者表示感谢。通过这种方式，研究者可以最大化地利用访谈作为收集深度信息的工具。在研究访谈的紧张过程中，不容易注意到所有应记住的点，而且访谈是"实时"事件，需要访谈者根据情况调整计划。尽管如此，仍有一些基本的规范需要遵守。研究者还应该运用一些技能，尽管访谈的性质是流动的，但仍值得列出一些有助于进行良好访谈的事项。

1）介绍和正式程序

在访谈开始时，应该先进行介绍，谈论研究的目的，并说明研究者对该话题的兴趣来源。在初始阶段,还应确认您有权录制讨论过程,并保证在访谈期间所作的评论的保密性。目标是设定访谈的基调——通常是一个放松的氛围,让被访者感到自由地开放讨论话题,信任和融洽是关键。在访谈前准备阶段,访谈者应做以下两件事:准备录音设备;尽可能安排最佳的座位位置。

2)开始访谈

第一个问题对访谈具有特殊的意义。它应该给被访者机会放松下来。因此,通常建议以一个"简单"的问题开始:一个被访者可能已有清晰观点且几乎在其心头的问题。以下是两种可能有助的策略:

一般性地询问受访者关于他们自己及其在访谈总体领域中的角色。这允许研究者在让受访者开始讨论熟悉领域的同时,收集有关受访者的宝贵背景信息。

使用某种"触发器"或"刺激物",使讨论可以关联到具体事物,而非直接进入抽象概念。例如,当研究消费者对服装可持续标签的认知时,可以提前准备一些可持续标签作为"刺激物"来启动访谈。

3)访谈过程中的监控

在访谈过程中,研究者的一个关键职责是对时间的严格管理。这不仅涉及在预定时间内完成访谈,而且要确保在此期间覆盖所有重要议题。在进行访谈时,应重点关注以下几个方面:

(1)主要观点的识别:研究者应准确捕捉并理解被访者表达的核心观点和优先事项。在小组访谈中,特别需要注意是否在关键议题上达成了共识。

(2)解读潜在逻辑:研究者需深入分析被访者的话语,探究其背后的动机和逻辑。这包括理解被访者明确表达的内容及其可能有意或无意遗漏的信息。

(3)探究不一致性:观察并分析被访者表达观点中的任何不一致性。这种不一致并不意味着其观点无效,但可能揭示了更深层次的洞见或矛盾。

(4)评估回答的真实性:警惕被访者可能的夸张或讨好的回答,以及任何可能的敷衍态度。

(5)理解讨论背景:考虑被访者所处的情境,包括访谈前后的事件如何影响其表达的观点。需要敏感地识别任何可能影响访谈内容的时效性问题。

(6)非言语交流的观察:在访谈过程中,适当的眼神交流及对非言语线索的记录,对于理解和解释访谈内容至关重要。

在整个访谈过程中保持适当的眼神接触,并记下可能有助于后续解释访谈对话的非语言交流。

4)结束访谈

优秀的研究者会确保访谈有序地结束,而不是因为被访者无话可说而突然终止。结束访谈的过程中需要注意以下几点：

（1）确保全面覆盖：在结束访谈之前，确认所有预定讨论的领域都已得到充分探讨。

（2）提供额外发言机会：给予被访者机会提出他们认为未被充分探讨的任何要点。

（3）表示感谢：对被访者抽出时间参与访谈表示感谢，以示尊重和感激。

5. 访谈数据的有效性评估

研究者在使用访谈数据时面临的一个核心挑战是如何验证被访者所提供信息的真实性。尤其是当访谈内容涉及收集事实性信息时，研究者有责任进行额外核实以确定这些信息的可靠性。相较之下，当访谈内容包括被访者的情感、感受和经验时，验证其真实性的难度显著增加。虽然没有绝对的方法可以验证关于个人思想和感受的陈述，但研究者可以通过以下实践方法来提高对所获得信息可信度的判断。

1）多元数据源的交叉验证

研究者应努力通过其他信息源来核实访谈数据，采用所谓的"数据三角验证"方法。这包括对文献资料、观察记录的参照，以及将访谈内容与其他访谈进行比较，以检查一致性和可靠性。只有在通过这些多元数据源的验证后，才能增强对访谈数据的信任。

2）与信息提供者核对转录文本

在条件允许的情况下，研究者应与被访者共同审核访谈的转录文本，确保其准确性和完整性。这一步骤不仅是为了纠正事实错误，更是为了确认在访谈中所述内容确实反映了被访者的真实意图和观点。此举也是对数据准确性的初步检验。

3）评估数据的合理性

对于被视为"关键信息提供者"的被访者，其陈述通常具有较高的可信度，因为他们通常是该领域的专家或经验丰富的从业者。然而，对于其他被访者，研究者需要评估他们对所讨论话题的知识深度和理解程度。这涉及评判信息提供者的信息可靠性，以及他们是否有足够的知识和经验来提供权威的见解。

4）识别转录文本中的共同主题

建议研究者在多次访谈中寻找共同出现的主题，而不是仅依赖单一访谈的结果。这些跨访谈出现的主题可视为更广泛共识的反映，从而增强了对这些主题的信任度。在可能的情况下，避免仅根据一次访谈得出结论，而是寻找从多次访谈中浮现的主题。在访谈中反复出现的主题表明该想法/问题是更广泛群体中共有的，因此研究者可以更有信心地引用这些想法/问题，而不是仅仅来自一个人的话。

6. 访谈法的优缺点

访谈法在深入理解研究主题方面具有显著优势，但同时也需要考虑其对时间、资源和数据处理的需求。在选择访谈作为研究工具时，研究者需要权衡其优势与局限性。

1）访谈法的优势

（1）深入探索主题：访谈方法特别适用于深入挖掘和细致分析研究话题。通过直接的交流或间接的电话、网络访谈，研究者能够灵活地解释、引导和深入询问，以探讨复杂问题，并获得深层次的新信息。例如，在研究服装设计的消费者偏好时，访谈能够深入探讨消费者的个人喜好、文化背景及购买动机，揭示表面数据之下的深层趋势。

（2）获取深刻见解：借助与"关键信息提供者"的深入对话，访谈能够为研究者提供宝贵的洞见，有助于揭示研究主题的深层次含义。例如，通过访谈，研究者可以获得关于特定市场细分（如可持续时尚）的深入理解，从而为设计和营销策略提供指导。

（3）较低的设备要求：访谈通常只需要简单的录音设备，依赖于研究者已有的对话技能，减少了技术障碍。

（4）重视信息提供者的观点：访谈使信息提供者有机会表达自己的观点和想法，强调了被访者的主体性。在评估某一时尚趋势的受欢迎程度时，访谈能够直接从目标顾客那里获取反馈，为产品开发提供实时的、个性化的见解。

（5）方法的灵活性：访谈是一种灵活的数据收集方法，允许研究者根据访谈进展调整询问的路线和重点。例如在探讨新兴时尚技术（如虚拟试衣）的用户体验时，访谈允许根据受访者的回答调整询问方向，以探索具体的使用感受和改进建议。

（6）高响应率和有效性：预先安排的访谈通常保证了较高的响应率。面对面访谈中，研究者能够即时验证数据的准确性和相关性。

2）访谈法的局限性

（1）耗时且复杂：访谈数据的分析通常是耗时且复杂的过程，需要大量的时间和精力进行转录和编码。如在研究服装消费行为时，广泛的访谈需要大量时间进行整理和分析，可能延迟决策过程。

（2）非标准化数据：由于访谈倾向于产生非预编码和开放格式的回应，数据分析过程可能更为复杂。例如在探究不同文化背景下的服装偏好时，访谈产生的多样性数据需要通过复杂的定性分析方法加以处理。

（3）可靠性挑战：访谈数据的一致性和客观性可能受到访谈者和情境的影响，增加了对数据可靠性的质疑。比如，在研究消费者对服装品牌的忠诚度时，访谈数据可能受到参与者情感或对品牌的个人偏好影响，从而影响数据的客观性。

（4）访谈者效应：被访者的回答可能受到访谈者身份的影响，尤其在面对面访谈中，个人特征和交流风格可能导致结果偏差。

（5）可能的隐私侵犯和抑制效应：直接的面对面交流可能导致隐私侵犯或让信息提供者感到不适。比如当和消费者讨论私人穿着习惯时，过于直接的问题可能会引起不适或抵触情绪。

（6）资源消耗：面对面访谈可能涉及更高的时间和财力成本，尤其是在被访者地理分散的情况下。

 案　例

深度访谈法应用案例

案例一：Jorge等2016年采用深度访谈对厄瓜多尔集体主义社会中家庭对多余服装的处置方式进行研究，此次深度访谈分为两个阶段进行，共进行35次。第一阶段侧重于探究通过送礼在服装处置中产生的价值，同时确定产生的价值与购买新衣服的关系，对来自中产阶级和中上层阶级的5名女性、2名男性进行访谈。访谈平均持续了一个多小时，当然在访谈前受访者会签署知情同意书并在访谈结束后获得40美金的回报。该阶段访谈结果归纳分析确立受访者通过馈赠获得的三种主要价值类型：关系价值、功能价值和各种心理价值，并且确定赠与者获得的主要价值与购买新衣服之间存在明显联系。第二阶段访谈结构更加清晰，旨在鼓励参与者深入讨论具体的服装处置方式，而不是抽象的描述。受访者是来自不同阶层的年龄分布于18～63岁的15名女性和13名男性。该阶段访谈平均持续时间为1小时，知情协议和应答奖励保持不变。对访谈结果进行分析，确定参与者获得的主要价值可分为6类：关系价值、功能价值、心理价值观（关于生活过渡到新阶段）、追求多样性、避免浪费、伦理/道德（从帮助别人中获得）。其中有约64.5%访谈事件没有证据表明赠送服装处理和购买新衣服之间存在关联。

案例二：Janigo等2017年采用深度访谈与问卷调查相结合的方式对消费者选择旧衣改造的动机和选择旧衣改造的人群共有特征进行研究，共对30名女性进行了深度访谈。此次深度访谈主要在受访者家或访问者工作室进行。受访者首先需要花约15分钟进行封闭式问卷填写，再参与到开放式作答的深度访谈中，访谈时长从20分钟到1个多小时不等，全程使用音频录制。其中问卷内容和访谈内容相互结合，主要分为：人口统计数据、旧衣改造动机、过去可持续的时尚行为、过去旧衣改造的行为、未来旧衣改造的意图以及旧衣改造商业相关方面六个部分。作者对于访谈结果采用六步解释性现象学分析过程，第一步主要研究者对转录本进行多次反复阅读，达到对数据的全面理解；第二步通过书面笔记审查采访记录；第三步和第四步涉及新兴主题的发展和寻找主题之间的联系；第五步主要研究者转向随后的案例中，并在第六步搜索案例中的模式。最后对案例中观察到的现象进行整体描述。

参考文献：

CRUZ-CÁRDENAS J，DEL VAL NÚÑEZ MT. Clothing disposition by gifting: Benefits for consumers and new consumption[J]. Journal of Business Research, 2016, 69(11)：4975-4979.

JANIGO K A，WU J，DELONG M. Redesigning fashion：An analysis and categorization of women's clothing upcycling behavior[J]. Fashion Practice，2017，9(2)：254-279.

7. 访谈法使用清单

1. 是否明确定义了所采用的访谈类型(结构式、半结构式或非结构式)，并解释了采用该类型的理由？ ☐

2. 是否明确说明了研究采用的访谈方式，是一对一访谈、小组访谈还是焦点小组？ ☐

3. 是否记录了现场笔记，以提供有关访谈互动的附加信息？ ☐

4. 是否收集了与访谈背景有关的相关细节，如地点、前期事件和氛围？ ☐

5. 是否考虑到录音设备可能对受访者回答的坦率程度产生的影响？ ☐

6. 在访谈过程中，是否进行了适当的监控，包括但不限于以下内容：
   - 受访者的关键观点？ ☐
   - 对所说内容的深入解释？ ☐
   - 尝试识别任何不一致之处？ ☐
   - 注意到可能出现的"敷衍"回答？ ☐
   - 寻找可能存在的夸大或吹嘘回答？ ☐
   - 寻找只是为了取悦访谈者而作出的回答？ ☐

7. 在访谈过程中，是否使用了提示，以获取有价值的详细见解？ ☐

8. 是否考虑到研究者自身的身份可能对以下方面产生影响：
   - 访谈期间的互动？ ☐
   - 数据的解释？ ☐

9. 对于通过互联网进行的访谈，是否充分考虑了互联网研究的影响，特别是：
   - 互动过程中缺乏视觉线索的问题？ ☐
   - 使用非实时通信的情况？ ☐

4.6 案例研究

案例研究方法是一种质性研究方法，通过深入、全面地研究一个特定的个体、组织、事件或现象，以获取对其内在本质、关系和背景的深刻理解，主观性较强。

一般来说，案例研究适用于需要回答"怎么样"和"为什么"的问题、研究者通常无法对研究对象进行控制。它通过收集和分析多种数据源(如文献、采访、观察和文档等)，以揭示个案的特征、过程和关系，并提供详细描述、解释和理论验证的可能性。案例研究方法适用于深入探究和解决现实生活中复杂问题，探索特定情境中的因果关系、机制和动态变化，以及理解人类行为和社会现象的多样性和复杂性。案例研究方法具有以下特点：

- ➢ 深入理解：案例研究方法旨在深入理解和描述特定案例的多个维度和特征。它通过详细的数据收集和分析，揭示案例的内在机制、动态和变化。
- ➢ 全面性：案例研究方法强调全面收集和分析丰富的数据，包括访谈、观察、文件分析等多种方法。这使得研究者可以获得全面的信息和多样的视角。
- ➢ 重视背景：案例研究方法强调将案例放置在其特定背景和环境中进行研究。它关注案例与其所处环境之间的相互作用和影响。
- ➢ 多重数据来源：案例研究方法通常采用多种数据来源，以增强数据的可靠性和可信度。研究者可能会使用访谈、观察、文献分析等不同的数据收集方法。
- ➢ 灵活性：案例研究方法具有一定的灵活性，适应不同的研究领域和问题。研究者可以根据具体情况调整研究设计和数据收集方法。
- ➢ 理论生成：案例研究方法不仅关注对案例本身的理解，还着重于从案例中发展新的理论观点和模型。它为研究领域的理论构建和发展提供了重要的支持。

通过深入、全面地研究特定案例，案例研究方法可以提供详实的描述、理论支持和深入的理解。它在理论生成、实践探索和知识发展方面具有重要的意义。

1. 案例研究方法的适用范围

案例研究方法适合在研究人员希望深入调查一个问题并提供能够应对真实生活情境的复杂性和微妙性的解释时使用，特别适用于研究特定环境中的过程和关系。案例研究方法可以与多种研究方法结合使用，但在实践中，更多地与定性研究结合。

在社会研究中，案例研究被广泛用于多种目的。主要是用于发现信息（遵循归纳逻辑），而测试理论（遵循演绎逻辑）较少作为使用目的。实际上，任何特定的案例研究都有可能融合两者的元素。表4-3展示了案例研究可能的应用方式，但并不意味着任何特定的案例研究必须仅限于一个类别的目标。

表4-3 案例研究的用途

基于发现	用　　途
描述	描述案例研究环境中正在发生的事物（例如，事件、过程和关系）
探索	探索影响案例研究环境中人们的关键问题（例如，问题或机遇）
比较	比较不同环境，学习它们之间的相似之处和差异之处
基于理论	
解释	解释案例研究环境中事件、过程或关系的原因
说明	将案例研究用作特定理论在现实环境中应用的例证
实验	将案例研究用作实验特定因素（或变量）变化的试验台

2. 设计案例研究的三步骤

1）界定"案例"

案例研究的第一步是界定研究的"案例"。在这一步中，研究者需要确定自己将要研究的具体实体或现象。"案例"指的是研究的个体、组织、事件或现象，可以是单个个体、一组个体、组织、社区、国家等。

界定案例的过程涉及对研究目的和研究问题的考虑。研究者需要思考自己的研究目标是什么，以及希望从所选案例中获得哪些信息和洞见。在这个过程中，研究者可以进行文献回顾，了解已有的相关研究和理论框架，以帮助他们选择合适的案例。

同时，界定案例也需要考虑案例的边界和范围。案例的边界可以在空间和时间上进行界定，即确定研究的具体范围和时间跨度。这有助于研究者将注意力集中在特定的案例实体或现象上，以便深入研究和理解。

值得注意的是，案例的选择应该基于研究的目的和问题，以及研究者对案例的兴趣和可获取的数据资源。研究者应该设定较高的标准，选择那些有足够信息和重要性的案例进行研究。

2）选定案例研究设计类型

第二步决定案例研究设计的基本类型。案例研究设计根据案例数量和案例关系来分可以分为单一整体案例研究、单一嵌入式案例研究、多案例整体研究和多案例嵌入式研究。案例数量表示研究中所使用的案例的数量，可以是单一案例或多个案例。案例关系则描述了案例之间的关系，包括整体案例和嵌入式子案例。整体案例研究是将一个完整的案例作为研究对象，而嵌入式子案例则是在一个整体案例中嵌入额外的子案例进行深入研究。基于这两个维度，可以形成一个 2×2 的矩阵，代表了四种不同的案例研究设计类型。

在这些设计类型中，多案例研究相对于单一案例研究更为复杂，但可靠的数据可以增加研究结果的信度。多案例研究设计通常涉及两个或两个以上的案例，每个案例都是为了检验研究主题的不同方面。在多案例研究中，可以选择有目的地对比案例或通过复现原则来测试产生可被复现结果的条件。复现在多案例研究中的使用意味着可以选择预测类似结果的直接复现，或预测相反结果的理论复现。多案例研究的目标是通过案例间的比较和对比，深入理解研究主题。

然而，多案例研究中案例数量的选择并非简单的公式化解决方案。与多实验研究类似，多案例研究的案例数量越多，研究结果的可信性和确定性越大。在案例研究中，确定案例数量并不能保证这组案例能够有效支持最初的研究假设。因此，一些研究者可能会考虑主要由简单案例组成的跨案例分析作为得出跨案例结论的选择。

研究者选择单案例还是多案例研究取决于研究目的、研究问题和可用的资源。单案例研究适用于深入理解特定案例的情况,而多案例研究适用于可被复现的相同结果的案例以及对比不同案例之间的模式和关系。

根据案例研究的作用和目的,可以将其分为探索性案例研究、描述性案例研究和解释性案例研究三种类型。

（1）探索性案例研究

探索性案例研究旨在探索新领域或主题,发现新的理论观点或研究问题。它通常用于初期的探索性研究阶段,研究者在这个阶段中可能对研究问题、假设、数据收集方法等还不确定。探索性案例研究的目标是通过观察和分析个案中的现象和事件,获得新的见解和理解,并为后续的深入研究提供基础。

探索性案例研究强调对现象的自然状态进行直接观察和描述。研究者通过深入的现场调查、个案研究和资料收集来获取详细和全面的信息,一个主要优点是其灵活性和开放性。研究者可以自由地探索和观察现象,不受任何先前理论或假设的束缚。这使得研究者能够更全面地理解特定现象,并发现先前未被发现的关联和规律。同时,探索性案例研究有助于发现新的理论和模式,为学科的进一步发展提供有价值的基础。

然而,探索性案例研究也存在一些限制和挑战。首先,由于依赖于研究者的主观直觉和感觉,可能存在主观偏见和个人意见的影响。其次,由于样本通常较小且局限于特定情境,研究结果的一般化能力受到限制,研究结果往往具有局限性。此外,探索性案例研究需要进行详细的现场调查和资料收集,这可能需要更多的时间和资源。最后,由于探索性案例研究的独特性和个案特定性,其结果在其他研究中的可重复性可能受到限制。

因此,研究者在使用探索性研究方法时应注意以下几点：研究者需要保持客观和审慎,避免个人偏见对研究结果的影响;在引用和解释研究结果时,需要谨慎考虑其适用性和普遍性;研究者需要具备深入的领域知识和技能,并有能力处理复杂的数据和信息。

（2）描述性案例研究

描述性案例研究旨在通过详细描述和分析现实生活中的个案来揭示其特征、过程和关系。研究者通过深入观察和收集各种类型的数据,包括观察、访谈、文档分析等方法,以全面和细致的方式描述个案的各个方面。描述性案例研究强调对个案的自然状态进行观察和描述,以获取丰富的信息。其目标是提供对特定个案的深入理解,并从中推导出普遍性的模式和规律。

描述性案例研究的优点在于它能够提供详细和全面的个案描述,有助于深入理解个案的特征和过程。通过收集丰富的数据,从多个角度揭示个案的细节。此外,它基于实际观察,可以揭示个案的自然状态,有助于发现新的模式和规律。然而,描述性案例研究的局限在于它仅限于描述和观察,缺乏因果关系的解释和理论推导。此外,研究者的主观偏见可能会影响对个案的描述,而且通常只关注个案的特定方面,难以进行泛化和推广。

(3)解释性案例研究

解释性案例研究旨在解释个案中的因果关系和机制,探究个案中事件和现象发生的原因。研究者通过深入的分析和推理,试图揭示个案中各个因素之间的关联和影响。解释性案例研究通常基于一个或多个已有的理论框架,研究者运用这些理论来解释个案中的现象和事件,寻求其中的因果关系和解释机制。

解释性案例研究可深入分析个案的各个因素,揭示复杂的关联和影响。然而,它可能受到现有理论框架的限制,难以解释个案中的新现象和不符合预期的结果。此外,解释性案例研究的解释结果可能存在多样性,不同的研究者可能得出不同的解释。同时,进行深入的理论推导和分析可能需要较多的时间和资源。

3)在案例设计中使用理论

依靠理论概念指导研究设计和资料收集工作是确保案例研究成功实施的最重要策略之一。在案例研究设计和实施中,使用理论的重要性体现在以下几个方面:

(1)在案例研究中,理论可以帮助研究者界定所使用的"案例"的性质。理论可以提供一个框架,帮助研究者选择适合研究目的和问题的案例,并确保案例的代表性和相关性。

(2)在进行探索性案例研究时,理论可以帮助研究者界定研究的对象和范围。通过理论的指导,研究者可以明确探究的问题和目标,确定研究的关注点和方向。

(3)在进行描述性案例研究时,理论可以定义什么是完整和适当的描述。理论可以帮助研究者确定需要收集的数据和信息,以及对案例进行分析和解释的方法。

(4)在进行解释性案例研究时,理论可以提供竞争性的解释和理论观点。通过引入不同的理论,研究者可以对案例进行解释和解读,揭示出不同的因果关系和机制。

总而言之,初步的理论构思对案例研究的进行起着重要的指导作用。它能够帮助研究者明确研究目的和问题,指导资料的收集和分析,并在需要时对案例研究进行重新定位。这样,研究者可以更加系统和有针对性地进行案例研究,提高研究的有效性和准确性。

3. 案例研究数据来源和分析

案例研究并不仅限于单一的数据源,研究者可以通过多个来源获取证据。以下是常见的六种数据来源。

(1)直接观察:通过观察案例中的人的行动或物理环境来收集数据。研究者直接参与观察,记录和描述他们所见到的事件、行为和互动。直接观察可以提供客观的、实时的信息,揭示案例中的行为模式和环境特征。

(2)访谈:与主要参与者进行开放式对话,以获取他们的经验、观点和知识。访谈是一种常用的数据收集方法,通过提问和回答的互动,研究者可以深入了解参与者的观点、动机、决策过程等。开放式访谈可以产生丰富的主观信息,帮助揭示案例中的个人经验和观念。

(3)档案记录:包括学生记录、公司档案、历史文献等已经存在的记录和文件。研究者可以分析和解读这些记录,以了解案例的历史背景、事件发展和相关信息。档案记录可以提供可靠的客观数据,帮助研究者获取案例的定量和定性信息。

(4)文件:包括报纸上的文章、书信、电子邮件、报告等文本文件。研究者可以通过分析这些文件来获取案例的信息和观点。文件可以提供案例中的文字描述、官方立场、专业意见等。通过文件分析,研究者可以深入理解案例的背景、决策过程和相关问题。

(5)参与式观察:研究者以研究员的身份参与到正在研究的现实生活中,与参与者一起生活、工作或观察。通过参与式观察,研究者可以深入了解案例中的人际关系、文化背景和行为动态。参与式观察可以提供丰富的主观体验和深入的情境理解。

(6)物理构件:指与案例相关的实际物品或工具,如员工工作的电脑、产品样本、设备等。通过研究和分析这些物理构件,研究者可以获取关于案例的具体信息、使用情况和性能特征。物理构件可以提供直接的客观数据,有助于理解案例中的实际操作和资源利用。

以上六种数据来源在案例研究中被广泛使用,每种来源都有其独特的优势和适用性,可以相互补充,帮助研究者全面理解和分析案例。具体选择何种数据来源取决于研究问题、案例特点和研究者的资源和能力。

案例研究法的数据分析通常包括以下步骤:

(1)收集数据:首先,研究者需要收集与研究者的研究问题相关的数据。这可以包括各种来源,如文献、文件、采访和观察等。确保收集的数据能够回答研究者的研究问题和支持研究者的分析目标。

(2)组织和整理数据:将收集到的数据进行整理和组织,使其便于分析。这可能包括将文本数据进行编码和分类,建立数据表格或数据库,创建事件时间轴等。

(3)数据描述:对数据进行描述性分析,以了解数据的特征、模式和趋势。这可以通过统计指标、图表、表格等形式来呈现数据的基本统计信息和可视化展示。

(4)模式匹配与理论构建:根据研究者的研究问题和目标,将数据与现有模式、理论或假设进行比较和匹配。这可以通过对比收集到的数据与已有理论的一致性、模式的匹配程度等来判断。

(5)交叉验证和解释构建:在案例研究中,交叉验证和解释构建是关键的步骤。通过比较不同数据来源、不同观察者的观点、不同时间点的数据等,寻找数据之间的一致性和差异,并逐步构建对案例的解释和理解。

(6) 检验竞争性解释:在分析过程中,考虑可能的竞争性解释和假设,通过收集更多的数据和证据来支持或排除这些竞争性解释。这有助于增强分析的可信度和说服力。

(7) 形成综合结论:基于数据分析的结果和解释构建的过程,形成对案例研究的综合结论。这需要综合考虑各个数据源、观点和证据,形成对研究问题的回答和对案例的理解。

需要注意的是,案例研究的数据分析是一个迭代的过程,可能需要多次回顾和深入分析数据,以获得更全面和深入的理解。此外,数据分析的具体方法和技术会因研究问题和数据类型的不同而有所差异。因此,灵活运用不同的分析方法和技术,并结合研究目标和理论框架进行数据分析是十分重要的。

4. 案例的选择

在案例研究中,案例的选择应该具有与研究问题和目标相关的特点,选择合适的案例是一个关键决策,并需要明确选择的标准。这些标准可以是研究对象的特征、特定情境下的重要性或与研究问题相关的其他因素。例如,如果研究关于教育改革的案例,可能会选择一所具有创新教育方法的学校作为案例,因为它代表了研究领域中的前沿实践。在案例研究中,相关性案例选择的原则包括:

(1) 典型性:选择具有代表性、典型特征或在研究领域内具有重要意义的案例。

(2) 极端性:选择极端或特殊的案例,以便对研究现象的极端情况进行深入研究。

(3) 多样性:选择不同类型、不同背景的案例,以获得广泛的视角和理解。

根据案例选择类型来分,案例可以分为典型案例、极端案例、理论试验场(理论检验或理论构建)、最不可能的例子(更加证明理论的适用性)。

1) 典型案例研究

典型案例研究是一种常见的案例研究方法,它关注那些代表性的、具有典型特征的案例。在典型案例研究中,研究者选择具有一定代表性和典型性的案例来进行深入研究,以揭示普遍规律、模式和特征。典型案例具有以下特点:

(1) 代表性:典型案例能够代表整个群体或总体中的普遍特征。它们在某种程度上展示了所研究领域的常见情况和现象。

(2) 典型性:典型案例具有典型的特征、特性或模式,代表了所研究领域中最常见的情况或典型情形。

(3) 一般性:典型案例通常与研究问题和目标相关,能够提供一般性的洞察和理解。它们不仅仅是个别或特殊的案例,而是能够反映出普遍性的特征或规律。

(4) 重要性:典型案例在研究领域中具有重要性和显著性。它们可能代表了重要的转折点、关键事件或有影响力的实践。

典型案例的选择是基于对研究领域和问题的理解，以及对案例的代表性和典型性的判断。研究者通常根据案例在研究领域中的重要性、代表性和典型性来选择典型案例，以获得对研究问题的深入理解和一般性的洞察。

 案 例 ——————————————————————————

单案例研究 1

问题：大环境下全球贸易格局重构以及国际贸易中剪刀差形成，为保证 OEM 企业在全球贸易格局重构背景下的可持续发展，提升其在全球价值链生态系统中的组织能力成为关键因素。

研究方法：单案例研究和半结构化访谈法结合，从组织学习视角进行切入。

案例选择原因：大杨集团属于全球最大的单量单裁服装定制企业，符合典型性原则；大杨企业创立之初以农村粗加工形式为主，在加入全球价值链后，逐步摆脱低附加值的贴牌加工模式，开创了批量生产与智能化定制生产相结合的柔性生产方式，具有启发性原则。

研究结果：总结了 OEM 企业全球价值链嵌入过程中组织学习的三个阶段，深化其嵌入全球价值链过程中组织能力升级的路径理解，拓展了 OEM 企业组织学习的理论研究深度。

案例来源：单宇，周佳慧，张闯. OEM 企业如何打破全球价值链的低端锁定——基于组织学习视角的探索性案例研究[J]. 南开管理评论：1-23.

 案 例 ——————————————————————————

单案例研究 2

问题：这篇文章旨在探讨道德责任如何在中小企业（SMEs）的企业社会责任（CSR）实施中发挥作用。作者试图回答以下问题：道德责任如何成为 SMEs 中 CSR 实施的一部分；员工在感知组织对 CSR 负有责任时起的作用；以及员工日常工作中存在的各种导致组织层面上的不道德行为的机制。

研究方法：单案例研究和半结构化访谈法结合，使用扎根理论法进行分析。

案例选择原因：①**案例具有典型性**。所选择的案例是一家成立于 20 世纪 90 年代、总部位于斯德哥尔摩的瑞典领先服装公司"Simplicity"。该公司在可持续创新和发展方面处于领先地位，并在可持续发展方面取得了国际认可。公司推出了几个与 CSR 相关的项目，并成立了一个名为"Pioneers"的团队，旨在推动公司在各个层面上的 CSR 实践。②**数据可获得性**。可获得企业的 CSR 相关公开数据且有渠道对案例公司内部人员进行访谈。

数据来源：一手资料与二手资料。一手资料：通过对案例企业的内部人员访谈，如现任和前任先锋成员以及首席执行官；以发展先锋队为重点的六个讲习班的观察笔记等。二手资料：档案资料，如两份组织报告、四份可持续发展报告和组织网站等。

研究结果：对研究者提出的问题进行了解答。首先，虽然公司领导层对 CSR 的重视有限，但是其员工在推动企业社会责任（CSR）方面仍起到了重要的作用。其次，员工对 CSR 的推动动机源于他们对道德责任的认知，即他们认为从道德角度参与 CSR 是必要的。然而，研究发现，尽管员工意识到自己的道德责任，但在日常决策中他们往往与道德责任脱钩。最后，员工采用规范化和例行化的策略来缓解道德行为之间的紧张关系，从而减少道德上的不一致感。总体而言，这些结果揭示了员工在中小企业的 CSR 实践中的角色和行为，以及道德责任在其中的作用。

案例来源：SENDLHOFER T. Decoupling from moral responsibility for CSR：Employees' visionary procrastination at a SME[J]. Journal of Business Ethics，2020，167(2)：361-378.

 案　例

多案例研究 1

问题：新零售对传统服装业实体经营模式和电子商务模式带来了挑战，全渠道模式成为服装品牌商模式变革的重要方向。但新零售在实践和学术研究都处于基础起步阶段，缺少完备的理论支撑。

研究方法：基于商业模式理论与服装品牌商渠道融合实践，从价值发现、价值创造、价值实现 3 个阶段对服装品牌商全渠道融合模式进行多案例分析。

案例选择原因：为探究服装品类在线上线下零售渠道融合的情况，基于现有的商业模式理论要求，选择在线上线下渠道融合发展较有典型性和代表性的服装品牌，对其"在线购买，线下提货"的模式进行探讨。根据品途智库发布的《2018 中国新零售百强》，选择具有一定品牌知名度，且具备完善线上线下渠道的服装品牌案例，例如优衣库、海澜之家、迪卡侬等。

案例来源：邵鹏，梁杰. 新零售时代服装品牌商的全渠道融合模式[J]. 纺织学报，2020，41(01)：150-157.

 案　例

多案例研究 2

问题：2013 年孟加拉国拉纳广场服装制造工厂倒塌，导致 1 000 多人丧生，该工厂为多家国际知名零售商供应服装。随着过去 20 年服装采购和制造的地理扩散，零售业已日益全球化,服装采购成为制造成本和空间接近/交货时间考虑之间的一种平衡。研究希望探索工厂管理者在实施CSR时的角度和决策过程,以及他们如何权衡道德考虑和商业压力。

研究方法:多案例研究和半结构化访谈法结合,使用扎根理论法进行分析。

案例选择原因:按理论性抽样法选择了7家公司。①代表性:这七家公司被精心挑选,以代表该行业中的不同业务规模和业务模式。这样的选择可以提供更全面和多样化的视角,以了解不同类型的公司在CSR实践中面临的挑战和经验。②供应链网络:这些公司是几家欧盟、美国或澳大利亚零售商供应链网络的一部分。通过研究这些公司,可以深入了解零售商和供应商之间的关系,以及CSR在供应链中的实施情况。③斯里兰卡服装出口商:这七家公司中包括斯里兰卡的三家顶级服装出口商,可以为同样面临成本竞争压力的地区的服装生产商提供有价值的知识。

数据来源:一手资料获取。对斯里兰卡出口服装制造业主要经理的半结构化访谈,访问公司内不同资历和责任级别的各种参与者,包括董事总经理、运营经理和人力资源经理。

研究结果:对研究提出的问题进行了解答。工厂管理者在全球服装生产网络中将企业社会责任(CSR)视为战略性举措,旨在吸引和保留优秀员工、提升声誉和改善效益。他们认识到改善工作条件、通过培训和员工参与促进员工满意度,符合零售买家对产品质量和道德标准的要求。然而,工厂管理者也面临商业压力,需要在道德成果和商业可持续性之间取得平衡。尽管一些零售买家关注改善劳工标准和工厂效率,但商业购买实践往往没有直接奖励道德绩效。因此,存在着零售商采购部门与企业社会责任部门之间的紧张关系。研究还指出,在全球服装生产网络中,商业竞争环境在一定程度上限制了供应商提供良好劳工成果的能力。

案例来源:PERRY P, WOOD S, FERNIE J. Corporate social responsibility in garment sourcing networks: Factory management perspectives on ethical trade in Sri Lanka[J]. Journal of Business Ethics, 2015, 130: 737-752.

2)极端案例研究

极端案例研究法通过对极端情况的深入分析,来探索某个问题的本质和规律。这种方法通常选择一些极端或特殊的案例进行研究,例如极度贫困地区的发展经验、极端天气事件的应对措施等。通过对这些案例的深入研究,更容易看到某些特定因素的影响,进而发现问题的根源和解决方案,从而提高问题解决的效率和准确性。

举例来说,一个只有几名员工和一家小型工作室的服装设计师品牌,在市场上拥有巨大的影响力和忠实的追随者。与众多市场占有率高的品牌不同,该品牌可能是以其独特的设计风格和高品质的材料而闻名,而不是规模和广告宣传。这个案例可以帮助研究人员更好地理解,品牌的成功不仅取决于规模和预算,而是取决于创造力、质量和独特性。

3）理论试验场（理论检验或理论构建）

由案例构建理论的案例分析方法是一种研究方法，旨在通过对具体案例的深入研究和分析，从中发展、构建或验证理论。这种方法通常包括以下步骤：

（1）选择案例：首先，需要选择一个适合的案例进行研究。这个案例应该与研究的领域或问题密切相关，并具有充分的信息和可研究性。

（2）数据收集：进行案例分析之前，需要收集充分的数据。这包括案例的详细描述、背景信息、事件序列、相关文献等。数据可以通过访谈、观察、文件分析等多种方法来收集。

（3）数据分析：在数据收集后，研究者需要对收集到的数据进行深入的分析。这可以包括归纳和整理案例中的关键主题、模式和关系，以及识别潜在的理论观点和模型。

（4）理论构建：在案例分析的基础上，研究者可以开始从案例中构建新的理论观点或模型。这可能涉及从案例中提取出的概念、关系或机制，并将其组织成一个有条理的理论框架。

（5）理论验证：一旦理论构建完成，研究者可以通过将该理论应用于其他案例或进行进一步的研究来验证其有效性和适用性。这可以通过比较不同案例之间的共性和差异，以及与现有理论的联系来实现。

这种由案例构建理论的案例分析方法具有以下特点：

（1）紧密联系：该方法将案例研究与理论构建紧密结合，通过案例分析来推动理论的发展和修正。

（2）具体实例：通过研究具体的案例，研究者可以从实际情况中提取出理论观点和模型，使理论更具可操作性和实用性。

（3）深度理解：案例分析提供了对案例内在机制和背景的深入理解，从而为理论构建提供了实证基础和具体情境。

（4）理论适应性：该方法允许研究者根据案例的特点和数据进行灵活调整和修改，以确保理论的适应性和适用性。

通过由案例构建理论的案例分析方法，研究者能够从具体案例中提取出有价值的理论观点和模型，促进理论的发展和实践应用。

 案　例

理　论　检　验

问题：随着人口红利逐步消失，我国传统产业面临生存难题，向数字化、智能化方向发展是必然趋势，部分企业应主动实施跨产业升级战略，实现全球价值链重构。

研究方法：单案例研究法与扎根理论法结合。

案例选择原因：新兴经济体企业跨产业升级的实践与应用仍处在初步发展阶段，运用单个案例可以确保研究深度，杉杉企业遵循案例选择典型性。就资料获取便利性和可得性而言，杉杉拥有上市公司杉杉股份，可获得公开数据，企业官网提供详细的经营信息，主流媒体对企业重要事件有详实报道，资料可得性强。

数据来源：二手资料获取。因杉杉集团拥有上市公司杉杉股份，上市公司历年年报、公告、主流媒体对企业重要事件的详细报道、学术文献、访谈视频等为扎根理论提供了丰富的资料和数据。

研究结果：杉杉跨产业升级符合"动因—路径—效果"框架（如图4-2），且跨产业升级路径是线性与非线性路径的结合，即产业升级的资源累计属于线性路径，同时嵌入

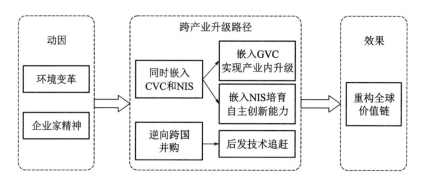

图4-2　跨产业升级动因、路径与效果研究框架

CVC和NIS促使其产业转型属于非线性路径。这一结论丰富了新兴经济体企业跨产业升级的理论框架。

案例来源：单宇，周佳慧，张闯. OEM企业如何打破全球价值链的低端锁定——基于组织学习视角的探索性案例研究[J]. 南开管理评论：1-23.

 案　例

理论验证与构建

问题：伴随着大流行的影响，我国纺织服装制造业迎来缓慢发展期，产业内竞争激烈，服装企业生产供应链亟需优化升级，服装企业生产供应链管理的优化方向缺乏理论支撑。

研究分析方法：单案例研究法与层次分析法结合。

案例选择原因：研究人员在企业实习，可以获得相关的数据。

数据来源：一手资料获取。通过与案例企业的内部人员，如供应链主管、产品开发主管、供应链财务主管、生产主管、面料供应链主管等人进行深度访谈，获取一手资料。

研究结果：企业服装生产供应链绩效评价体系符合 SCOR 模型的 KPIs（可靠性水平、响应能力、柔性、成本、资产管理），借此建立服装生产供应链绩效评价体系与说明；确立服装生产供应链绩效评价的关键指标。

案例来源：陈美，李敏，熊棕瑜，等. 服装生产供应链绩效评价体系构建与案例探析[J]. 毛纺科技，2018，46(12)：6-12.

4）最不可能的例子

根据理论测试法，研究者可以运用"最不可能的例子"测试方法，通过在一个被认为最不可能出现的情境中选择一个案例来评估理论的效力。这种测试方法旨在验证理论的可靠性，通过在最不寻常的环境中观察理论是否仍然适用，从而提供更加全面和有力的证据来支持理论的适用性。

举例来说，假设存在一个理论，认为社交媒体对于品牌推广和消费者购买行为的影响非常重要。为了测试这一理论，研究者可以选择一个服装品牌，并分析其在社交媒体上的活动与消费者购买行为之间的关系。

研究者可以选择一个可能最不被期望的情况，例如一个传统的服装品牌，在社交媒体上几乎没有活动。这样的情况下，理论认为品牌的推广和消费者购买行为应该不受社交媒体的影响。研究者可以对这个案例进行深入研究，收集关于该品牌的销售数据、消费者调查和社交媒体分析等信息。通过比较品牌在社交媒体上的活动水平与销售数据之间的关系，进一步探讨社交媒体对消费者购买行为的影响。如果在这个最不被期望的情况下，研究者发现该品牌在社交媒体上的活动与消费者购买行为之间存在显著关联，那么这一理论就更具有说服力。

通过这个案例，研究者可以验证理论在一个看似最不可能的情境下的适用性，并深入了解社交媒体对服装品牌推广和消费者购买行为的影响。这种案例研究方法能够提供具体的实证支持，增强理论的可信度和实用性。

5. 案例研究方法的优缺点

1）案例研究方法的优点

（1）深入理解：案例研究方法专注于一个或少数几个实例，使得研究者能够处理复杂社会情境中的细微和复杂问题。特别是，它使研究者能够以调查方法无法达到的方式来探索关系和社会过程。案例分析是整体性的，而不是基于孤立的因素。

（2）多样化的研究方法：案例研究方法允许使用多种研究方法。此外，它几乎鼓励使用多种方法来捕捉所研究的复杂实际情况。

（3）多源数据的使用：案例研究方法特别适合使用多种数据源。这有助于通过三角验证来检验数据的有效性。

（4）适用于控制能力有限的情况：案例研究方法特别适用于研究者对事件具有较少控制权的情况。因为该方法关注自然发生的现象，研究者无需强加控制或改变情况。

（5）适合小规模研究：案例研究方法通过将精力集中在一个研究场地（或仅仅几个场地）上，与小规模研究的需求相适应。

（6）理论构建和理论验证：案例研究方法可以有效地用于理论构建和理论验证的研究。

综上所述，案例研究方法具有深入理解、多样化的研究方法、多源数据的使用、适用于控制能力有限的情况、适合小规模研究和理论构建与验证等优点。这使得案例研究方法成为研究复杂问题和现象、获取深入洞察和为实践提供有价值信息的有效工具。

2）案例研究方法的缺点

（1）案例研究的一项主要挑战是对其研究结果普遍化的可信度。研究者需要小心地解释案例与其他类似案例的相似之处或对比之处，以消除对普遍化的怀疑。

（2）案例研究常被认为产生定性数据，缺乏社会科学研究所期望的严谨性。人们认为案例研究更侧重于过程而不是可衡量的结果，依赖于定性数据和解释性方法而非定量数据和统计程序。这种观点通常认为案例研究适合提供情境描述，但不适合进行分析或评估。然而，这些观点并不一定成立，但案例研究者需要通过细致的注意事项和方法上的严谨性来挑战这些观点。

（3）在技术上，案例的边界往往难以绝对明确地定义。这在决定哪些数据来源纳入案例研究中以及哪些排除的过程中会带来困难。

（4）获取对案例研究情境的访问权限可能是研究过程中的一项具有挑战性的任务。如果未获得或取消了许可，研究可能会陷入困境。在案例研究中，访问文档、人员和情境可能会产生诸如保密性等伦理问题。

（5）案例研究者很难实现调查情境自然发生，不受他们存在的影响的目标。因为案例研究往往涉及长时间的参与，存在着受观察者效应的可能性。被研究对象可能会因为知道他们处于"被观察"下而表现出与正常情况不同的行为。

6. 案例研究方法清单

1. 研究是否基于"自然发生"的情境？	☐
2. 是否已描述和证明了选择案例（或案例群）的标准？	☐
3. 是否将案例确定为特定类型的社会现象的实例（例如，事件类型、组织类型）？	☐
4. 是否已描述案例的重要特征，并将其与所研究的事物类型中的其他案例进行比较？	☐

5. 案例是否相对自成体系？ ☐

6. 是否已描述案例的界限，并考虑了其含义？ ☐

7. 是否仔细考虑了研究所得的概括问题？ ☐

8. 研究是否合理运用了多种方法和多种数据来源？ ☐

9. 研究是否充分关注了关系和过程，并提供了"整体"视角？ ☐

4.7　扎根理论

扎根理论法是由社会学家 Glaser 和 Strauss 于 20 世纪 60 年代初提出的一种研究方法论。它的核心思想是通过对数据资料进行系统的收集和分析，从而构建出一个新的理论框架。与案例分析法不同，扎根理论法是从数据中归纳出理论，而不是通过先有的理论来解释数据。它强调从实际情况中发展出新的理论，以解释现象和发现新的模式和关系，强调尽可能减少人的主观性。

扎根理论法通常采用深度访谈、观察和文献分析等方法，以获取关于研究问题的详细信息。研究者通过对数据进行编码分类、比较和分析，逐步发现其中的模式和关系，从而构建出一个新的理论框架。这个理论框架可以用来解释现象、预测趋势、指导实践等，在社会科学、管理学、医学等领域得到了广泛应用，特别是在研究新兴领域和复杂问题时，具有很大的优势。

应注意，很多研究只应用了扎根理论中编码这一数据处理方法，并未从头到尾按照扎根研究理论的方式实行，因此不能算作用了扎根理论做研究。

1. 扎根理论的发展

扎根理论法最初由 Glaser 和 Strauss 提出，但两者的后续工作呈现出不同的发展趋向，并发表了一系列著作（GLASER B G，1978；GLASER B，1992；ST RAUSS A，1987；ST RAUSS A，1990）。这种发展反映了两种潜在立场在原始的扎根理论方法中的并存。

首先是 Glaser 的观点，他认为通过中立的方法研究数据，数据的意义将会从数据中归纳出来。他认为研究者应该仔细观察数据，并通过比较和验证不断发展和完善概念。

然而，Strauss 的观点则更接近后实证主义立场，他认为研究者在处理数据时无法完全中立，对数据的赋予意义涉及研究者的解释。他提出了一系列关于如何进行数据分析的指导，将焦点从数据转向了分析（定性）数据的过程。

Glaser 对此持有强烈保留意见，认为这种趋势可能导致研究者强行将数据符合其设定的类别，而不是让数据自行展现。此外，一些作者进一步强调研究者作为解释者的角色，认为研究者对数据的解释不可避免地会对其赋予某种意义。这些观点包括 Charmaz

的构建主义扎根理论、Clarke 的将扎根理论与后现代主义相结合的"情境分析"以及 Corbin 将其 Straussian 观点发展为反映后现代主义批判的观点,强调存在着不同观点和现实构建的多样性。

使用扎根理论方法的研究者需要了解这些辩论和发展,以便选择符合特定版本扎根理论的方法。对于专业研究者和将扎根理论作为研究核心特征的研究者来说,他们可能需要深入研究方法论的细节。然而,对于项目研究者而言,只要遵循下面列出的关键要点,他们就可以合理地声称采用了扎根理论方法,因为这些要点涵盖了该方法的核心原则。

注意事项

"扎根理论"是一种方法论,而非研究方法,有其严格的操作流程与数据分析方法。而这一术语经常被滥用,很多方法没有严格遵循其程序与流程,甚至有人可能以此来合理化不严谨的研究。真正的"扎根理论"要求对定性数据进行严谨分析,研究者需要明确研究主题,并基于明确的基础选择样本,而不是试错或边做边学习的方法。

2. 扎根理论的特点

(1)扎根理论方法要求研究者在开始研究时没有关于所要调查的环境性质的固定观念。研究者应该以开放的心态来接触事物,尽量不受先前的理论或其他研究对该领域的影响。尽管实践中并不要求极端地避免先前的理论和个人经验,但现有的知识和概念应被视为"临时"的、值得质疑的起点,而不是固定的、必然正确的观点。

(2)进入田野(实地考察的初始地点)是扎根理论方法中的一个概念,用于指代研究者最初选择进行实地研究的地点或场所。在扎根理论研究中,研究者通常需要亲自参与或观察实际的场景、事件或群体,以收集相关的数据和信息。广义而言,扎根研究就是一种田野调查。

田野地点的选择通常并不要求代表性或典型性,而更注重于对研究主题的相关性。这个选择可以基于多种因素,如研究者的兴趣、方便性、可获得性等。它是研究的起点,为后续的数据收集和理论发展奠定基础。

通过最初的现场研究,研究者可以开始观察、记录和收集数据,并初步了解研究主题的背景、特征和相关问题。这个阶段的研究可能还不够深入,但它提供了一个起点,为后续的研究提供了方向和线索。随着研究的进行,研究者会根据收集到的数据和理论的发展选择其他的现场研究点。这些后续的选择通常更加注重与前期数据的比较和对比,以进一步验证和扩展研究中的概念和理论。

总的来说,数据的收集不依赖于假设。在研究开始阶段,研究人员没有提前设定假设,而是通过收集初始数据来确定被研究对象所感知的关键变量。关于这些变量之间的关系的假设也是从收集的数据中归纳出来的。随着数据的持续收集,研究人员逐渐获得了更加精炼的理解,同时也进一步明确了数据收集的重点和方向。持续的数据收集不断提升对研究对象的理解,并且进一步深化了对数据收集本身的关注。

(3)在选择了研究的初始考察"田野"之后,需进行样本抽样。在扎根理论法中,理论性抽样法起着重要的作用,即由在研究过程中形成的概念、范畴或理论指导研究者进行下一步研究的抽样和资料的采集,"这个数据收集过程由正在形成的实证或形式理论所控制",也就是说,在数据收集的初步阶段,研究者通常根据研究目的和理论框架,有条件地选择个体、群体或案例作为研究样本,再根据研究进展决定接下来的研究对象。可以具体细分为极端或偏差型个案抽样、强度抽样、最大差异抽样、同质型抽样、典型个案抽样、分层目的型抽样、关键个案抽样、效标抽样以及证实和证伪个案抽样。

这些样本通常被认为具有特定的特征、经验或情境,能够为理论的发展和验证提供有价值的信息。通过理论性抽样,研究者可以选择那些能够深入探索研究问题、提供丰富数据以支持理论构建的样本。理论性抽样主要有以下三个关键特征:

(1)研究中要包括的现场是研究者有意为之,根据其对研究的贡献进行选择。与随机抽样不同,理论性抽样是一种非概率抽样形式,其中新的现场是研究者有意根据其特定特征选择的。

(2)选择现场是因为其与新出现的类别和概念的相关性。它们被选中是为了与先前的现场进行比较和对比,并允许研究者测试新出现的概念,并随着研究的进行验证发展的理论。正如 Corbin 和 Strauss(2008)强调的那样:"在理论性抽样中,研究者不是对个体进行抽样,而是对概念进行抽样。研究者有意寻找这些概念的指标,以便能够检查数据,发现在不同条件下概念如何变化。"

(3)遵循扎根理论原则的研究无法在开始时明确指定样本的确切内容,因为样本是在理论生成的过程中逐渐形成的。研究过程应不断增加新构念,直到研究达到"理论饱和"点(见下文)。只有当加入新数据后不会再形成新构念时,才达到所需样本量并停止抽样。注意:理论性抽样与传统规范形成鲜明对比,后者期望研究者在开始时明确说明其拟定样本的规模和性质,以及如何构成整体研究对象的代表性子群。

此外,理论性抽样具有以下四个特点:

(1)累积性:理论性抽样是建立在先前采样实例的基础上逐渐构建概念和类别的过程,早期采样的实例应被视为整体样本的重要组成部分。

(2)深度聚焦:研究者的目标是在研究的早期阶段生成大量与研究现象相关的类别,随着工作的进行,研究者能够集中精力研究更少但更关键的编码和类别。

(3)理性选择:理论性抽样不是随机或任意选择,而是基于理性选择的过程,根据新样本对于发展、完善编码和概念的贡献来确定选择标准。

（4）灵活性：理论性抽样需要保持一定的灵活性，允许研究者对实地工作中出现的机会做出反应，并探索可能的新研究方向，以充分发现和解释所研究情境的重要因素。

3. 扎根理论法的适用范围

（1）探索性研究：扎根理论法适用于对尚未被深入研究的领域或主题进行探索性研究。例如，当涉及新兴领域或知识不完善、不确定性高的领域时，扎根理论法能够提供深入的探索和理解。通过收集实际数据，研究者可以发现并解释新领域中的概念、关系和模式。

（2）理论构建：扎根理论法可以用于构建和发展理论。通过系统地收集和分析数据，研究者可以识别出新的概念、关系和模式，并将其整合到现有理论框架中，从而提出新的理论或扩展现有理论。

（3）现象解释：扎根理论法适用于研究特定现象或事件的原因、过程和影响，如社会问题、组织行为、人类经验等。它通过收集并分析相关数据，揭示出潜在的因果关系和背后的机制。

（4）理论验证：扎根理论法可以用于验证已有理论的适用性和有效性。通过深入研究并收集相关数据，研究者可以评估理论在实际情境中的可靠性，并提供实证支持或挑战现有理论。

总体而言，扎根理论法适用于需要深入理解和解释特定领域或主题的研究。它提供了一种系统的方法，帮助研究者收集、分析和整合实际数据，以发展出有关现象和经验的理论框架，并为进一步的研究和实践提供有价值的见解。

4. 扎根理论法的操作程序和步骤

（1）从资料中产生问题：研究者通过仔细阅读和分析资料，提取出其中的关键概念或主题。这些概念可以是对数据的总结或抽象，用于进一步分析和理解研究现象。

（2）逐级登录对资料和概念进行比较：研究者将提取的概念与原始资料进行逐级对比，以确保概念的准确性和完整性。这个过程涉及将相关的数据段与相应的概念进行关联，并逐渐构建起一个系统的编码和分类体系。

（3）系统地询问与概念有关的生成性理论问题：在对资料进行比较的过程中，研究者不断提出与概念相关的理论问题，以进一步推进理论的生成。这些问题可以是关于概念之间关系、影响因素或作用机制的探索性问题。

（4）发展理论性概念，建立概念和概念之间的联系：通过对数据和概念的进一步比较和分析，研究者逐渐形成更高层次的理论性概念，并建立起不同概念之间的联系和关联。这有助于构建一个更为完整和一致的理论框架。

（5）理论性抽样：研究者根据理论的需要和发展，有选择地选择新的样本或数据，以进一步验证和丰富理论。这种抽样方法不是基于随机性，而是基于理论的相关性和新的理论问题的需要。

（6）系统地对资料进行编码：编码是将数据段与特定概念或类别进行关联的过程。通过编码,研究者可以对大量的数据进行整理和管理,以便进一步分析和推导理论。

（7）建构理论：通过以上步骤,研究者逐渐建构起一个理论框架,力求获得理论概念的密度、变异度和高度的整合性。这个过程涉及对概念和理论进行深入的解释和论证,以得出关于研究现象的理论解释和见解。

5. 数据类型和收集

1）扎根理论的数据类型

在扎根理论研究中,研究者通常使用一手资料和二手资料来收集数据。一手资料是指研究者自行收集的原始数据。这些数据通过研究者与参与者进行的访谈、焦点小组讨论、观察等方式获取。研究者通过直接与参与者互动,了解他们的经验、观点和观察结果。这种数据具有直接性和实践性,可以提供深入的理解和洞察力。

研究者在扎根理论研究中还使用二手资料。二手资料是指来自其他来源的已存在的文献、文件和记录。这些资料可能包括已发表的学术文献、政府和组织的政策文件、日志、调查问卷、网络日志、社交媒体帖子、报纸文章等。研究者可以使用这些资料来支持和丰富他们对研究主题的理解,提供背景信息和相关的观点。

在扎根理论研究中,一手资料和二手资料相辅相成。一手资料在与参与者直接互动中获取,允许研究者深入了解他们的观点和经验。而二手资料可以补充一手资料,提供更广泛的背景知识和观点,帮助研究者构建理论框架。表4-4是列出常用的数据类型,根据研究者对数据处理方式的不同,数据可被认为是定量或定性的。

表 4-4 数据类型

类型	数据类型	示例
一手资料	访谈和焦点小组的转录	参与者的访谈录音或记录的转录
	实地记录和备忘录	研究者对观察事件、环境和人际关系的详细记录
	日志、日记、记录簿	研究者或参与者的日志、日记、记录簿等
	问卷和调查	收集参与者的意见、态度和观点的问卷和调查
	照片和视频	研究者拍摄的照片和视频
	艺术品、手工艺品、建筑等	艺术品、手工艺品、建筑等物质文化产物
二手资料	政府和组织政策文件	政府发布的法规、指导方针、报告等文件
	学术文献和小说	学术期刊、书籍、研究报告等学术文献以及虚构作品
	大众媒体发布的文章	报纸、杂志、博客等大众媒体上发布的文章
	网络日志、社交媒体和论坛上的内容	网络日志、社交媒体平台（如微博、小红书、Twitter、Facebook）、论坛上的内容

2）数据收集方法

在扎根理论中,一切都从数据开始。扎根理论强调数据的重要性,并强调研究人员与数据的密切关系。数据收集的方法有多种,具体选择哪种方法取决于研究的目的、研究的问题、可行性和资源等因素。以下是一些常见的数据收集方法,可与对应的章节结合理解:

(1)访谈:访谈是一种通过与参与者进行面对面或电话交流来收集数据的方法。访谈可以是结构化的,其中研究者提前准备了一系列问题,并按照固定的顺序进行询问。非结构化访谈是更为开放的对话形式,让参与者自由发表观点和经验。半结构化访谈则结合了两者的特点,既有预定的问题,也给予参与者一定的自由度。访谈提供了深入了解参与者观点、经验和态度的机会,并允许研究者进一步探索和追问感兴趣的话题。

(2)焦点小组:焦点小组是一种集体讨论的方法,由一组参与者一起讨论特定的主题或问题。小组通常由5～12人组成,具有共同的背景、经验或兴趣。研究者作为主持人引导讨论,并记录参与者的观点和互动。焦点小组提供了多个参与者之间的互动和观点交流,可以揭示出不同观点和意见之间的共同性和差异性。

(3)观察:观察是通过直接观察参与者在特定环境中的行为、互动和表现来收集数据的方法。观察可以是参与观察,其中研究者积极参与观察事件,并记录他们的观察结果和感受。非参与观察则是研究者仅仅观察而不干预。观察可以是结构化的,研究者预先确定特定的行为指标,并进行系统记录。也可以是非结构化的,研究者灵活观察,并记录所有看到的内容。观察可以提供关于参与者行为、互动模式和环境的详细信息。

(4)文献回顾:文献回顾是通过系统性地回顾和分析已存在的文献、学术研究、书籍、期刊文章等来收集数据的方法。研究者收集与研究主题相关的文献,并进行综合和综述。文献回顾可以帮助研究者了解当前研究领域的现有知识和观点,确定研究的理论框架,并为研究问题提供背景和理论支持。

(5)调查问卷:调查问卷是一种收集大量参与者意见和反馈的方法。研究者设计一系列问题,并将问卷分发给参与者填写。调查问卷可以是面对面的,由研究者亲自与参与者进行交流并记录他们的回答。也可以是在线调查,参与者通过互联网填写问卷。调查问卷可以收集大量定量数据,帮助研究者了解参与者的态度、看法和行为。

(6)文件分析:文件分析是通过分析已存在的文件、报告、政策文件、备忘录等来收集数据的方法。这些文件可以来自政府机构、组织、公司、学术界或其他来源。研究者通过仔细阅读和分析这些文件,获取与研究主题相关的信息和观点。文件分析可以提供组织政策、官方文件和公开声明等方面的见解。

(7)社交媒体分析:社交媒体分析是通过分析社交媒体平台上的帖子、评论、图片、视频等内容来收集数据的方法。研究者可以使用社交媒体监测工具和分析软件,收集和分析社交媒体上的信息和互动。社交媒体分析可以揭示社会观点、趋势和互动,帮助研究者了解公众意见和社交媒体用户的行为。

(8)实验:实验是一种控制条件的研究方法,用于收集数据并验证因果关系。研究者设计和实施实验,并观察和测量参与者在不同条件下的行为和反应。实验可以帮助研究者控制潜在变量,并推断出因果关系。

(9)文化遗产研究:文化遗产研究是通过考察艺术作品、建筑、符号、文物等文化遗产来收集数据的方法。研究者分析和解读文化遗产中的信息和象征意义,以了解文化的历史、传统和价值观。

(10)科学观察:科学观察是通过使用科学仪器和测量工具进行观察和记录来收集数据的方法。研究者可以使用显微镜、计量仪器、传感器等工具来观察和记录特定事件、现象或样本的测量结果。

这些数据收集方法可以单独或结合使用,根据研究问题和目的的需要进行选择。在数据收集过程中,研究者通常采用逐步饱和的方法,逐渐收集和分析数据,直到达到理论饱和,即不再出现新的概念或关系。这样可以确保数据的充分性和可靠性,支持扎根理论的构建和发展。

6. 数据分析

在完成初步的数据资料收集后,研究者需要对资料进行逐级编码。逐级编码是扎根理论中最重要的一环,其中包括三个级别的编码,即一级编码(开放式编码)、二级编码(关联式编码或轴心编码)和三级编码(核心式编码)。每个级别都对数据进行更加深入细致的分析和分类(图4-4)。通过逐级编码,研究者可以深入理解数据,发现新的范畴、特征和概念,并逐渐构建出理论框架。

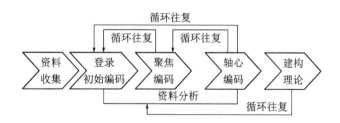

图4-4 基于扎根理论的资料分析流程图

1)不断比较

在扎根理论中,资料搜集和分析是交互进行的,通过资料分析和编码,不断产生新的概念和范畴,并与已有概念、范畴或关系进行比较是至关重要的,因此扎根理论也被称为"不断比较的方法"。在经典扎根理论中,比较是一种持续不断的过程,不断比较法要求研究者将新的编码、分类和概念与已有的版本进行比较,不断寻求验证它们的一致性。

只有在理论饱和的情况下，才能停止比较并抽象出涵盖研究数据的概念或范畴。

通过不断比较，研究者可以进行以下操作：

（1）对相似性和差异性进行比较：通过将具有相似编码的实例进行比较，研究者可以发现它们之间的共同点和差异，进而改进分类和描述的准确性。

（2）整合和归类：不断比较法使研究者能够将类似的编码和概念整合到共同的分类中，将复杂的现象简化为更简单的元素。

（3）验证和改进理论：通过不断比较，研究者可以验证和改进正在发展中的理论。通过与实地数据进行比较，研究者可以验证理论的准确性，并在理论产生阶段对其进行修正和完善。

不断比较法确保研究者始终将分析与实地数据保持紧密联系，以确保所产生的概念和理论与实际经验紧密相连，并且在理论发展过程中始终与数据保持一致。

2）数据分析软件

在定性研究中，通常使用计算机软件辅助数据分析。市面上有许多商业化的软件程序，例如 NVivo，可以帮助研究人员进行定性数据分析。建议从数据收集的开始阶段就将数据存储在适当的软件中。

这些软件程序专门设计用于协助研究人员对定性数据进行编码，并基于这些编码来开发类别和概念。它们提供了工具和功能，帮助研究人员组织、管理和分析大量的定性数据。研究人员可以将数据输入到软件中，根据主题或模式进行编码，然后探索和分析这些编码，以生成见解并发展理论。

使用计算机辅助的定性数据分析软件可以提高数据分析过程的效率和严谨性。它们允许系统性和结构化的编码，便于检索数据，并能够可视化数据中的关系和模式。此外，这些程序通常还提供协作和团队分析工具，对于涉及多名研究人员的研究项目非常有价值。

通过利用计算机软件进行定性数据分析，研究人员可以简化分析过程，管理复杂的数据集，并从数据中获得更深入的洞察。重要的是选择适合的软件程序以符合研究目标，并熟悉其功能，以最大限度地发挥其在数据分析过程中的优势。

3）理论饱和度检验

理论饱和度是扎根理论方法中的一个重要概念。它指的是在研究过程中，当研究者对数据进行反复分析和比较，并根据不断出现的编码、类别和概念进行理论的发展和修订时，达到了一个点或阶段，进一步收集数据不再为理论的发展提供新的信息或增加新的理解。换句话说，当新的数据不再为理论构建提供新的见解或变化时，就达到了理论饱和度。

理论饱和度的达成是一个主观判断过程，通常由研究者根据对数据的分析和理解来决定。这需要细致观察和仔细比较数据，确保已经涵盖了核心概念和关键关系，并且进一步的数据收集不会提供新的理论洞见。

达到理论饱和度后,研究者可以认为已经对研究问题达到了充分的理解,并且进一步的数据收集对理论的发展和修订没有实质性的帮助。理论饱和度的达成使研究者能够停止数据收集,并着重于理论的整合、解释和呈现。

7. 理论与实证研究

1）理论类型

扎根理论法可以生成实证理论和形式理论两种类型的理论。

实证理论是与研究所涉及的实证情境紧密相关联的理论。它着重于对具体情境的深入理解和解释,通过从实证数据中提取出的概念、类别和关系来解释现象。实证理论通常具有一定的局限性,适用于特定的研究对象和情境。这种理论的生成过程是基于扎根理论法中的数据驱动和逐步比较分析。

形式理论则更具概念性,具有更广泛的适用性和普遍性。它超越了具体情境,可以应用于更广泛的环境和情境。形式理论在一定程度上可以被看作是对实证理论的综合和抽象,它提供了更广阔的理论框架和原则,可以解释多个实证情境下的现象。形式理论的生成需要基于多个实证理论的整合和概括,通过比较和归纳多个实证理论的共同模式和关系来发展出更一般性的理论。

通过从实证理论逐步发展到形式理论,研究者可以在扎根理论法的框架内建立起一系列相互关联的理论体系,从具体情境中提炼出普适的理论原则和模式,为更广泛的研究和应用提供理论基础。

2）实证研究

传统方法中的理论往往是在研究之前构建的,缺乏实地调查的基础支撑,因此可能缺乏有效性和现实的相关性。相比之下,扎根理论方法强调理论的基础是来自于数据,通过对实地调查数据的分析和整理来建立理论。

首先,扎根理论方法强调理论的建立是基于实地调查数据的严格分析。这样一来,理论建立的过程中很少会出现能够驳斥理论的新数据。通过实地调查和理论性抽样的过程,研究人员可以确保理论已经考虑了情境中的关键方面,避免了理论被新的、不符合预期的数据所推翻的情况。相比之下,传统方法的理论往往是先建立起来,然后通过实证检验来验证,可能会面临被新数据所否定的风险。

其次,扎根理论方法强调理论与实际情境之间的契合度。由于理论是从数据中产生的,因此理论应该与情境的事实相吻合。研究人员通过对实地调查数据的分析和整理,形成的理论应该能够较好地解释情境中的现象和问题。这样,理论与实际情境之间的关系更加紧密,理论的可信度也更高。相比之下,传统方法中的理论往往是先有理论,再通过寻找与之相符的事实来验证。在这个过程中,研究人员可能会受到理论的影响,选择性地关注与理论相符的事实,而忽视与理论不符的事实,从而使理论得到了表面上的验证,但可能失去了对实际情境的全面理解。

总之,扎根理论方法通过建立在实地调查数据上的理论来弥补传统方法中的不足。它强调理论的基础性、有效性和现实的相关性,从而使研究人员能够更贴近实际情境,开发出更具可信度和适用性的理论。

 案 例

实证理论开发案例一

研究目的: 为调查千禧一代女性消费者对购买再生涤纶制成的运动休闲服装的价值观念,应用感知绿色价值(Perceived Green Value,PGV)理论,通过滚雪球抽样方法招募16名对可持续性或环境污染问题有一定的了解的美国女性千禧一代。

研究过程: 访谈是面对面或通过电话进行的,并被录音用于电子转录。转录后,研究人员基于PGV模型,对内容进行了主题分析,并重复此过程,直到从数据中过滤出所有主要和重要的主题。

研究结果: 结果根据PGV框架内的五个价值观进行组织:(1)功能,(2)社会,(3)情感,(4)条件和(5)认识。在每个主题下确定五个主要价值,包括功能价值、社会价值、情感价值、条件价值和认知价值。在这些感知值中,包含13个子主题,为工业界和学术界提供了理论见解和可持续的解决方案。

案例来源: CHI T, GANAK J, SUMMERS L, et al. Understanding perceived value and purchase intention toward eco-friendly athleisure apparel: Insights from US millennials[J]. Sustainability, 2021, 13(14): 7946.

 案 例

实证理论开发案例二

研究目的: 为深入了解户外运动服装消费者特征及其渠道选择差异,研究通过深度访谈,应用扎根理论提取消费者购买户外运动服装的消费特征,并根据消费特征设计调查问卷,采用K-means快速聚类将户外运动服装消费者分为完美主义型消费者、功能日常化消费者和实用主义型消费者3类,探讨不同类型消费者在渠道选择上的差异。

研究过程: 将15名受访者的录音转化为文字,共计11万余字,随机选择2/3的访谈记录进行指标体系构建,剩余内容用于理论饱和度检验。通过开放式编码、主轴式编码及理论饱和度检验,提取出户外运动服装消费者的消费特征与渠道选择动机。

研究结果: 户外运动服装消费者的消费特征分为产品层面与消费者层面。产品层面由产品价格、产品功能性和产品外观三个维度构成;消费者层面由品牌忠诚度、品牌感知、户外服装日常化和钻研四个维度构成。

案例来源：张梦琪,陈彩霞,李敏.户外运动服装消费者类型及渠道选择研究[J].针织工业,2024.

8. 扎根理论的优缺点

1）扎根理论的优点

（1）适用于小规模研究：对于项目研究者来说,使用扎根理论方法具有吸引力,因为它适合由独立研究者在有限预算下进行研究。

（2）被认可的定性研究理论基础：扎根理论的概念在研究界具有重要地位,已成为定性研究的认可理论基础。扎根理论提供了一种标准的理论依据,可以抵御那些可能对小规模定性研究的严密性提出质疑的人的批评。

（3）可调整性：这种方法相对灵活,适用于多种定性数据收集方法（如访谈、观察、文件）和数据形式（如访谈记录、实地调查、文本）。

（4）实用性：扎根理论关注实践（人际互动）和实用哲学,非常适合健康、商业和教育等领域的研究,这些领域关注理解和改进人际关系问题。

（5）对定性数据进行系统分析的方法：特别是在 Strauss 的发展中,对于初学者来说,这种方法可以帮助他们理解如何处理数据,如何发展概念,最终发展出理论。

（6）数据分析可以借助计算机软件进行编码和排序。

（7）理论发展：该方法包括从数据中发展出理论命题的方法,应该增强项目研究者在理论化领域的信心。所有研究者,不仅仅是那些庄重的专家,都被鼓励根据他们收集到的数据提出适度的理论。

（8）解释以实证为基础：概念和理论是通过与经验数据的不断参照和比较发展起来的,这意味着与推测性的抽象理论不同,它们建立在坚实的证据基础上。这确保了扎根理论与现实保持联系。

（9）适用于探索性研究：该方法允许在样本选择和数据分析方面具有一定的灵活性,非常适合探索新主题和新思想。

2）扎根理论的缺点

（1）规划性不强：该方法不适合精确规划。由于需要使用理论性抽样,因此无法事先预测样本的性质。而且,需要达到理论饱和度,因此无法在开始时确定最终样本的规模。探索过程的代价是无法事先规划研究的所有方面并预测研究完成的时间。

（2）上下文问题：通过将研究重点放在特定环境中的行为实例上,有可能使研究的解释与更广泛的背景因素脱离开来。特别是,由数据生成的理论可能忽视社会、经济和政治因素的影响（如权力、全球化、移民、社会阶级、性别和种族不平等）以及事件的历史背景,而这些因素对于任何完整有效的理论解释现象可能是至关重要的。

(3)开放性问题:对数据的"开放性"处理可以从多个层面进行。以"开放心态"对待数据是扎根理论方法的基本原则,但在实践中,它引发了一些棘手的问题。研究者不可避免地受到基于自身文化和个人经验的先入之见的影响。问题是:为了分析数据,可以在多大程度上将这些因素抛诸脑后? 还有一个有争议的问题是先前概念和理论应该在多大程度上影响事态。扎根理论研究者是否应避免进行文献综述,以防止他们的思想被现有的概念和理论影响? 如果不进行文献综述,是否会存在重复前人研究的可能性,或者无法借鉴过去的研究? 在扎根理论方法中,不同的研究者对这些问题有不同的立场。

(4)复杂性:Strauss 和 Corbin 开发的系统数据分析方法在过程的复杂性方面可能令人望而生畏。Barney Glaser 认为这种分析的模板和框架是不必要的,与扎根理论的精神相悖,因为它们将类别和代码强加给数据,而不是让它们自然呈现。

(5)实证主义倾向:解释主义者对于实质性理论提供唯一正确解释的观点可能不满意。然而,在 Glaser 的著作中有时会采取这种立场。存在一种实证主义的思潮,即"理论扎根"意味着它不会被后来发现的与理论不符的事实所推翻。如果理论从数据中产生,并对参与者有意义,那么它就是一个好的理论,它有自己的立足点,不容置疑。

(6)经验主义:该方法可能被批评为"经验主义"。通过将野外数据视为理论的来源,并排斥使用一般理论,它容易受到过于依赖经验数据的批评,期望研究者能在累积数据中找到解释,等待研究者"发现"。这种归纳法的方法对于理论和数据收集之间复杂关系的理解过于天真,要求研究者在处理数据时不使用先前的理论和概念。

(7)普遍性问题:从研究结果推广的理解可能被误解。使用扎根理论方法的人需要清楚,从研究中得出的任何普遍性都是理论上的普遍性。它们是从数据中提取的"抽象概念",用于构建理论。它们不是人们通常所认为的那种普遍性,扎根理论研究者需要小心,避免给人们留下他们试图基于小规模、有目的选择的样本来确定人口中的行为模式的印象。扎根理论的目的不是像调查方法那样从样本推广到更广泛的人口范围。

9. 扎根理论法使用清单

1. 研究目的是否是生成与具体情境相关的理论和概念(实证理论)? ☐
2. 是否使用经验数据作为生成概念和理论的基础? ☐
3. 是否采取了开放的态度对数据的含义进行理解? ☐
4. 是否通过系统的编码和分类过程对数据进行分析(如开放编码等)? ☐
5. 在编码、分类和概念的过程中,是否持续参照实地数据进行比较(不断比较法)? ☐
6. 是否有明确的理论基础来选择研究的初始场地? ☐

7. 是否根据理论性抽样的原则选择后续的研究场地？☐

8. 研究是否一直进行，直到达到理论饱和点为止？☐

9. 研究是否关注与研究参与者在特定情境中相关的实际问题？☐

10. 研究是否产生了对研究参与者可识别的解释？☐

4.8　模拟法

模拟法，是指以一定的假设条件和数据为前提，借助仿真技术来估算任务的工期和实验的结果。该方法不仅要求研究者具备坚实的理论知识和技术技能，还要求深入理解模型的各个参数，并能准确反映现实世界的复杂性。实施模拟需进行严格的设计、验证和测试，以确保结果的可靠性和准确性，因而被视为一种高度专业和技术性的研究方法。

在具体操作层面，模拟的应用包括问题定义、模型构建、数据收集与处理、模型验证和校准、模拟运行及结果分析和解释等多个步骤。每个步骤都要求研究者投入大量时间和精力，确保各环节达到高标准。此外，对模拟结果的解释和应用同样是模拟研究的关键部分，研究者需深入分析和批判性思考模拟结果，以确保研究的有效性和实用性。

模拟法能提供对复杂系统和过程的深刻理解和分析，同时也要求研究者具备高度的专业知识、技术技能及批判性思维能力。通过精确和系统的设计、实施和分析，模拟能为各领域的研究和实践提供宝贵的见解和支持。模拟法的适用范围广泛，可在多个领域中应用，包括工程、医学、物理学、计算机科学、社会科学和环境科学等。

在纺织服装领域，模拟法具有广泛的应用，包括服装设计与结构分析、材料性能模拟、生产流程优化、服装热舒适性实验和市场行为模拟等。模拟可用于预测纺织材料在不同环境条件下的行为，优化生产流程，以及模拟市场情景。

模拟法具有以下特点：

（1）直观性强，可在模型上直接观察到物理现象的过程；

（2）综合性强，能将原型中的综合过程全面反映过来；

（3）灵活性强，可在模型系统中接入实际系统中某些部件、装置进行试验；

（4）模拟方法的可靠程度在分析结果时要给予充分的注意，因为在模型和原型之间有一定的差异，模拟方法是一种间接性的方法。

模拟法的应用可为服装设计、生产、营销的各个阶段提供深刻见解，但也存在局限性。模型准确性取决于输入数据质量，高复杂度的模拟需要昂贵的计算资源和高水平的技术专业性。因此，在应用模拟时需考虑这些因素，以确保模拟结果的可靠性和实用性。

1. 模拟法的分类

1）物理模拟法

物理模拟法是一种通过构建物理模型来模拟实际环境的科学方法。这种方法通常涉及缩比模型的使用，以模拟实际结构或设备在特定外部条件（如风力、水流、重力）作用下的响应，例如将燃烧假人置于受控的火灾环境中，如特制的燃烧室或模拟建筑物内，以研究在实际火灾情况下的热暴露和火焰接触对人体的影响，从而评估在火灾情况下，不同类型的服装、防护装备以及身体部位对热量和火焰的反应。

2）数值模拟法

数值模拟法通过使用数值解决方案来模拟现实世界中的数学模型。例如，计算流体动力学（Computational fluid dynamics，CFD）是一种数值模拟方法，它使用数值分析和数据结构来解决涉及流体流动的方程。通过在计算机上分解流体流动方程，可以模拟复杂的流体行为。例如，CFD 数值模拟已成为继热防护性能（Thermal Protective Performance，TPP）物理实验研究之后服装热防护性能测评的重要研究手段，可以用于预测随时间变化的温度和热流的分布，烧伤预测等。

数值模拟方法在热湿传递研究中的主要步骤：

（1）分析织物热湿传递的机制，为建立相关数值模型做准备。

（2）建立织物内热湿传递数学模型。

（3）数值模拟计算。

（4）将实验测试数据与模拟数据进行对比，验证模型的有效性。

常见的模拟仿真软件

随着理论模拟与数值计算方法的不断进步，采用成熟的商业模拟计算软件已成为科研人员探索和解决问题的优先选择。面对众多的模拟计算软件，科研人员如何选择与自己研究方向相契合的软件，成为了一个至关重要的问题。不恰当的软件选择不仅会导致大量的时间和精力的浪费，更可能导致研究成果不尽人意。因此，基于研究需求选择最合适的模拟计算软件显得尤为关键，能够显著提高研究效率。

目前，科研常用的模拟计算软件主要可以分为三大类：数学计算软件、化学模拟软件以及物理和工程仿真模拟软件。这些软件各具特色，功能和应用领域各异，以下对这些软件进行简要介绍：

数学计算软件，如 Maple、MATLAB、Mathematica，主要用于执行各类数学运算和方程求解，以及进行数据处理和分析。MATLAB 主要面向科学计算、可视化及交互式程序设计。它提供了一套自成体系的编程语言，极大地简化了数值分析、矩阵计算、数据可视化以及非线性动态系统建模与仿真等操作。Mathematica 和 Maple 则提供了强大的符号计算能力，能够处理复杂的数学问题。这些软件的使用者需要具备较强的数学和编程基础。

化学类模拟软件，如 VASP、Materials Studio、Gaussian，广泛应用于化学和材料科学领域，主要针对分子层面的模拟计算。这类软件能够在给定分子结构的前提下，计算材料的光谱性质、电子结构、分子构象能级等。

物理和工程类仿真模拟软件，如 ANSYS、ABAQUS、COMSOL 等，其功能涵盖了力学、流体、电磁学、光学、声学等众多领域。这些软件主要通过数值计算方法，如有限元法、有限体积法和有限差分法，求解各种偏微分方程，以模拟和分析物理现象。其中，ANSYS 是一个通用的、大型的工程仿真软件，主要用于结构分析、流体动力学分析、电磁场分析等。ANSYS 提供了从设计模拟到产品开发的全面解决方案，广泛应用于航空航天、汽车制造、电子工程、生物医学等行业。

管理类仿真模拟软件，如 AnyLogic、Arena、FlexSim、Vensim 等，被广泛用于策略规划、运营管理、决策分析、风险评估以及教育培训等方面，以帮助管理者和学者更好地理解复杂的业务过程、评估决策结果以及优化组织运营。AnyLogic 支持系统动力学、离散事件以及代理人基模型的仿真，广泛应用于供应链管理、运营研究、市场分析、项目管理等领域。Arena 和 FlexSim 都属于离散事件仿真软件，专门设计用于帮助企业模拟、分析和优化其物流、生产、仓储和供应链等操作流程，通过提供直观的流程建模工具和强大的仿真引擎，帮助用户评估运营策略、优化资源配置和改善服务流程。Vensim 是一款系统动力学仿真软件，用于构建、仿真和分析复杂系统的动态行为。Vensim 特别适用于研究策略管理、环境变化、公共政策等领域的长期影响和反馈循环。通过 Vensim，管理者可以更好地理解系统内部的相互作用和变化趋势。

3）计算机模拟法

计算机模拟指使用计算机算法来模拟现实世界的事件或系统。它涵盖了从简单的概率模型（如蒙特卡洛模拟）到复杂的多体系统动力学模拟。计算机模拟可以基于物理模型、经验数据或纯粹的数学构造。在金融行业中，计算机模拟用于评估投资风险和市场行为；在科学研究中，它用于模拟天文现象、化学反应等。

数值模拟通常在计算机模拟的框架内进行。实际上，大多数数值模拟都需要计算机的强大计算能力来解决复杂的数学方程。有效的计算机模拟可能依赖于精确的数值方法来确保结果的准确性。相反，数值模拟的实施和优化往往依赖于计算机硬件和软件的进步。尽管两者在许多应用中重叠，但计算机模拟的范围更广泛，不仅限于基于数学模型的模拟。计算机模拟还可以涉及基于规则的系统、代理模型或其他非数值方法。

2. 模拟的目的和适用范围

模拟使用的模型由结构和规则组成,这些规则管理着该结构并产生输出(模拟结果)。比较通过不同结构和规则获得的不同输出,研究人员可以推断如果发生这种干预,真实情况可能会发生什么。这种预测的有效性取决于模型的有效性。例如,在运营研究和运营管理领域使用的绝大多数模型都属于此类。这些模型用于预测某些变化(例如库存控制、质量、生产力、物料处理等)对运营的影响(积极影响)。如果预测结果与预期相符,那么就有更多的动力在实际系统中尝试这些变化。例如,许多模拟研究都涉及流水线、装配车间和作业车间的生产调度安排。通常以离散事件为特征的生产或服务设施模型是通过事件(例如,客户订单到达,机器开始工作,机器完成工作)、实体(经过系统的作业)和资源(例如,机器、人员、运输)来定义系统的。

预测性模拟是对实际系统进行实验和干预的替代方法。当这种实验因危险、昂贵、不及时或不便时,就会进行这种模拟。例如燃烧假人试验具有破坏性且不可重复、成本高,试验结果受到环境和人为因素的影响较大,热防护服装数值模拟研究可以节约试验成本,比物理实验更具有自由度和灵活度,因此越来越受到研究人员的青睐。

模拟法作为一种科学研究方法,拥有广泛的适用范围,能够在多个学科和领域中发挥关键作用。在服装工程领域,尤其是在热舒适性研究等方面,模拟法用于评估设计方案、测试新材料、分析结构强度和稳定性,以及预测系统在实际运行条件下的表现。在服装产业经济和市场营销领域,模拟法可以用于分析经济系统、预测市场动态、研究社会行为和决策过程,以及评估公共政策的潜在影响。

 案 例 ————————————————————————

服装流水线生产仿真与优化

研究目的: 利用 Arena 仿真技术对服装生产流水线进行仿真分析,力图高效准确地评判和分析服装生产流水线的运行现状。通过计算机仿真演示,对不合理的工序安排进行调整,利用仿真的便利性实现反复修改寻求最佳的流水线编排,从而将依靠生产过程进行的流水线调整,在生产前得以实现,有利于企业有效地提高流水线的生产效率,实现对生产进度的准确把握。

数据采集: 以案例服装品牌企业下属成衣工厂的 A 生产流水线(以下简称 A 组)为研究对象,通过生产现场实践获得 A 组成衣加工生产信息如下:

① A 组共有 25 名员工,加工的女式长裤共有 50 道工序,工作时间为 8 小时/天,单件流水线的节拍为 120 秒,平均日产量为 238 件;

② A 组流水线工人 17 名,流水线外工人 6 名(工人编号为 D、E、F、G、H、I),组长和

检验员各 1 名；

③ 因有 6 名工人的工作未排入作业流水线中，编制入流水线的工序共 45 道（表 4-5），包含设备 21 台，即 11 台平缝机，2 个蒸汽烫台，4 台双针平缝机，2 台三线拷边机，2 台五线拷边机。

表 4-5　流水线中工序及设备分配表

工人	设备	工序编号	作业内容	实测时间/秒	工人	设备	工序编号	作业内容	实测时间/秒
A	a1	38	缝尺码商标	22	O	d1	2	前裤片包缝	12
A	a1	39	缝商标41	19	O	d1	4	左袋贴包缝	6
B	b1	3	折烫拉链袋	9	O	d1	5	前袋包缝	19
B	b1	6	包烫小前袋贴	5	O	d1	7	右前袋贴包缝	6
B	b1	17	包烫后袋	23	O	d1	15	门底襟包缝	7
B	b1	19	包烫后袋口	8	O	d1	26	后缝包缝58	8
B	b1	23	包烫后育克71	26	P	c2	18	缝后袋口双线	12
C	b2	14	平烫底襟	3	P	c2	24	缝后育克双线	14
C	b2	35	包烫面腰、修角	23	P	c2	27	缝后缝双线35	9
C	b2	37	整烫腰65	39	Q	a6	29	裆底缝针	26
J	a2	1	点前片位	8	Q	a6	45	缝脚口84	58
J	a2	8	缝小前袋贴	17	R	e1	30	缝合内裆缝	44
J	a2	9	缝右前袋贴	16	R	a7	31	内裆缝压线77	33
J	a2	13	缝翻底襟	8	S	a8	32	缝侧缝一段	49
J	a2	20	点后片位	20	S	a8	34	侧缝压线	36
J	a2	36	翻腰80	11	S	a8	44	缝洗水标96	11
K	a3	11	缝前袋布	68	T	e2	22	后育克包缝	11
K	a3	12	封前袋口110	42	T	d2	33	缝合侧缝51	40
L	a4	16	上门襟拉链95	95	U	a9	40	缝裤腰	90
M	c1	10	缝前袋口	38	U	c3	41	裤腰压线111	21
M	c1	28	缝前缝双线48	18	V	a10	40	缝裤腰	90
N	a5	21	缝合后育克	25	V	c4	41	裤腰压线111	21
N	a5	25	缝合后缝49	24	W	a11	42	剪裤袢	8
					W	a11	43	缝裤袢77	69

注：设备编号 a—平缝机，b—蒸汽烫台，c—双针平缝机，d—三线拷边机，e—五线拷边机；工人编号 U、V 两位工人做同样的两道工序。

建模与分析：① 针对该企业的生产系统及该款女裤的加工数据、加工工艺及设备布局，利用 Arena 仿真软件对生产过程进行建模；② 分析仿真输出结果，找出实际生产流程中的瓶颈，并结合企业的实际人力和设备资源，调整作业工序，提出优化方案；③ 根据优化方案对模型进行改进、提升，分析优化后模型的输出数据。

3. 模型的建立原则

模型的建立应基于对客观事物的细致观察和严格实验。这是确保模型反映现实情况的基础。此外，模型必须能够抽象并反映原型的核心特征，同时具备对各种观察和实验事实提供科学解释的能力。这要求模型不仅表现出形式的相似性，还要能揭示本质的一致性，即在模型和原型之间应保持一定的统一性，同时也要考虑两者之间的差异。这种平衡是模型有效性的关键。

因此建立模型时需要深入分析实际研究情境。这是构建模型的出发点，确保所建模型与实际情况相符。系统地收集相关数据，这些数据是模型建立和验证的基础。根据收集的数据构建模型，这一步骤是模拟法的核心，要求细致和精确。对建立的模型进行检验并根据需要进行修正，这确保了模型的准确性和适用性。最后，运用模型进行预测和分析，通过这一步骤，模型的实际应用价值得以体现。

4. 模拟的实施步骤

在服装设计与工程领域，模拟研究是通过一系列结构化的步骤实现的，旨在预测并优化新款服装的性能，如舒适度、耐用性或生产效率。此过程为服装行业的发展和创新提供了深刻的见解和实际的指导。模拟研究的每个阶段都需经过仔细考虑和执行，以确保研究的准确性和有效性。

1）研究问题定义与模型构建

在模拟研究的起始阶段，确切地明确定义研究问题是至关重要的。这一步骤涉及清晰地理解待解决的问题，并明确研究目标和假设，为研究提供明确的方向和范围。随后，基于收集的数据和信息，如实验数据、文献资料、观测数据等，建立模型以描述系统的行为。例如，在火灾环境的传热模拟中所需的数据包括服装材料的物性数据（如面料厚度、导热率、透气性、吸湿性等）、人体测量数据（身体尺寸、体表温度分布等）、环境条件数据（热流密度、热暴露时间、温度、湿度、风速等）等。确保数据的准确性和全面性，以提高模拟结果的可靠性。

2）模型参数设置与模拟方法选择

对于已建立的模型，关键在于确定其参数和初始条件。这些参数对模拟结果有直接影响，因此确保参数值的准确性至关重要。接着，根据问题的本质和模型的复杂性，选择合适的模拟方法。不同的模拟方法适用于不同的场景，例如物理模拟可能需要特定的实验设备，而数值模拟则依赖于计算机和数值算法。

3）模拟执行

在设定好模拟条件和参数后,开始执行模拟过程。这一阶段需要确保模拟的初始状态和条件的准确性,以便准确模拟系统行为。模拟过程需要细致监控,以确保其按计划顺利进行,并记录模拟的输出结果。

4）模拟结果分析与优化

模拟完成后,对结果进行详细的分析,包括统计分析、可视化、图表制作等,这有助于深入理解系统行为和模拟的有效性。如果模拟结果与实际观察不符,可能需要对模型或参数进行调整,这通常是一个迭代过程,直至模拟结果与实际情况一致。例如,可以通过分析模拟结果评估服装在不同条件下的性能,比较不同设计方案的模拟结果,以确定哪种设计最符合目标。可以使用温度分布、湿度分布、热通量等参数来量化评估。基于模拟结果,对设计方案进行优化,可能需要调整材料选择、结构设计或其他因素,以改善服装的性能。

5）模型验证与改进

验证模型的准确性是通过实验来确认其在已知情况下的正确性。这涉及将模拟结果与实际观察进行比较,以确保模拟的可靠性和真实性。此外,根据研究结果和反馈,持续改进模型和方法,以提高模拟的准确性和适用性。例如,可以在进行模拟结果分析后,通过制作样衣并进行实际穿戴测试,以验证模拟结果的准确性。

通过严谨的实施模拟法,可以在设计阶段识别和解决问题,减少了在实际生产、措施实施之前的试验和错误。

5. 模拟数据的有效性评估

在服装领域的模拟研究中,确保数据和模型有效性的综合性评估至关重要。此过程包括从数据源审查和质量保证到模型构建、分析和优化的一系列严谨步骤,旨在确保模拟研究的准确性和实用性,为基于模拟结果的决策提供支持。

1）数据源审查与质量保证

初始步骤涉及对使用的数据源进行细致的审查和质量保证。这包括对数据来源的可靠性和采集方法的适宜性进行评估。进一步,对数据的完整性、准确性和一致性进行全面检查,必要时进行数据清理和校正。在服装设计与工程领域,准确的物性数据和人体测量数据对于确保模拟的可靠性至关重要。

2）模型精确性与敏感性分析

在模型建立后,通过数据验证和敏感性分析来确保数据的准确性和模型的反应敏感度。敏感性分析有助于识别关键参数和数据中的不确定性来源,进而提升模型的预测准确性和可信度。

3）模拟结果的校准、验证和可视化

对模拟结果进行校准、验证以及使用统计方法评估结果的不确定性。将模拟结果与实验数据进行对比,以验证模型的准确性,是模拟研究中的重要环节。通过数据可视化工具直观展示模拟结果,同时评估其在现实环境中的实际应用可行性,从而确保模拟结果的适用性和实用性。

4）文献对照

对比文献中的数据和方法,确保模拟数据与行业标准和最佳实践保持一致性。这一步骤增强了研究的可信度和可靠性,确保模拟结果符合行业的发展趋势和技术标准。

通过以上流程,确保模拟在服装领域研究的准确性和实用性。特别是在需要基于模拟结果做出决策的情况下,这些严谨的步骤为模拟研究的可靠性和可重复性提供了坚实的基础。

6. 模拟法的优缺点

当涉及模拟法时,它具有一系列优点和一些限制性的缺点,这些都需要在使用模拟法中谨慎考虑。

1）模拟法的优势

成本效益:与传统的试验和原型制作相比,模拟法通常更为经济高效。它可以显著减少材料成本、试验设备和实验室资源的使用,降低研发成本。在服装研究领域,进行物理模拟的成本可能非常高昂,而数值模拟则可以在成本更低的计算机平台上执行。

快速迭代和设计优化:模拟允许研究人员快速进行多次迭代,测试不同设计方案,以寻找最佳设计。这不仅加快了设计过程,而且有助于提升流程、产品的性能。研究人员可以灵活尝试各种举措,以达成目标。

准确性和精度:在正确配置和验证的情况下,模拟能够提供高度准确的结果。这些结果有助于更准确地预测服装在不同环境条件下的性能,如温度、湿度和风速对透气性的影响。精确的模拟能够提前识别潜在问题,减少后期的修正成本。

安全性:模拟允许在实际制造和使用之前评估服装的性能,减少潜在的风险和安全问题。对于特殊用途的服装,如防护服或医用服装,这种安全评估尤为重要,以保护用户免受潜在危害。

节省时间:模拟能够显著缩短设计周期,因为不需要等待物理原型的制作和测试。这有助于加快产品的上市时间,在竞争激烈的市场中取得优势。

2）模拟法的局限性

模型的复杂性:构建准确的模拟模型可能需要深厚的专业知识和技能。模型的复杂性取决于研究问题和所选模拟工具。复杂模型可能需要大量时间和资源进行建立和验证。

数据要求：模拟法依赖于准确和全面的数据，包括物理特性数据、环境条件数据和人体测量数据。数据的不准确性可能导致模拟结果的误差，因此数据质量和准确性至关重要。

验证挑战：验证模拟结果的准确性可能需要大量实验数据，而这些数据的获取可能困难或成本较高。验证模型的挑战性也可能导致模拟结果的不确定性。

计算资源需求：某些模拟工具可能需要大量的计算资源，包括高性能计算机和专业软件。这对资源有限的研究团队构成挑战，尤其在预算有限的情况下。

简化和假设：为进行模拟，通常需要对问题进行简化和引入假设，使模型更易于管理。这些简化和假设可能会影响模拟结果的准确性，因此需要仔细权衡。

7. 模拟法使用清单

1. 是否清楚定义研究目的和需要解决的具体问题？　□

2. 是否深入了解并分析要模拟的系统或过程，包括其关键特性和行为？　□

3. 是否收集必要的数据，如实验数据、历史数据、文献资料等，并进行预处理，确保数据的准确性和可靠性？　□

4. 是否选择或构建适合研究问题的模型？这可能包括物理模型、数学模型、计算机模型等。　□

5. 是否提供了可信赖的研究文献和资源链接，以支持模拟研究的理论基础和方法？□

6. 是否明确说明了模型的验证和校准过程，并确保模型在模拟中的准确性和可信度？　□

7. 是否对模拟研究的时间和资源进行了妥善的管理，包括模型构建、参数设置、计算时间和计算资源的规划？　□

8. 是否详细说明了如何将模拟结果可视化，并使用了图表、图像和可视化工具来更好地理解和解释研究发现？　□

9. 是否提供了基于模拟研究结果的具体建议，并明确了模拟结果在实际应用中的潜在价值和应用领域？　□

4.9　混合研究方法

1. 混合研究方法的定义和适用范围

混合研究方法是一种综合性的研究设计，其核心在于融合定性和定量研究方法，以对研究问题提供更加全面和深入的理解。这种方法论基于特定的哲学前提，指导数据的收集、分析和整合。在混合研究方法中，定性和定量数据的结合不仅是为了增加研究的广度和深度,而且为了更全面地解答研究问题,以及提供更丰富和细致的见解。

混合研究方法的核心特征是收集、分析定量和定性两种数据,并强调两者的结合和互补。数据的融合方式可以是并行、顺序或嵌入式,即同时收集两种类型的数据,或先后收集,或将一种类型的数据嵌入另一种类型数据中。数据可能侧重于定量或定性数据,或两者同等重视。混合研究方法要求研究者在研究设计中整合哲学和理论的视角。

混合研究方法是一个多维度的研究框架,要求研究者在定量和定性方法之间进行平衡,以最大化研究的有效性和综合性。通过对不同数据类型的整合,研究者能够在更广泛和更深层次上理解和解释研究现象。在设计混合研究方法时,研究者需要考虑研究目的、数据类型的兼容性,以及如何最有效地结合不同的研究方法。

在决定进行混合研究方法之前,研究者要先思考有关混合研究方法本质的几个问题。首先,研究者需要了解混合研究方法的构成部分,并确定对于这项研究而言混合方法是否是最佳的研究方法。参考已发表的混合研究方法综述,以下是研究人员使用混合研究方法策略的考虑因素:

(1)研究目的和需求:是否需要更全面的视角来解答研究问题。如为了推广探索性研究的发现,或者为了利用第二种方法深化研究,通过多个研究阶段理解研究目标。

(2)数据的互补性:不同数据类型是否能提供更丰富的洞见,如单一数据源不够充分,需要采用混合方法提供更多样的数据支持。

1)混合研究方法选择的原则

像定量和定性研究方法一样,混合研究方法包括数种不同设计。这些设计为收集、分析、混合、解释、报告定量和定性数据提供了完善的框架,以更好地实现特定类型的研究目的。研究者在设计混合研究方法时,要考虑以下四个原则。

首先,研究者可以在研究开始时就确定使用混合研究方法,或者在研究过程中决定使用混合研究方法。其次,研究者应该考虑形成研究设计的路径,选择基于类型学的路径或动态路径,以适应研究课题和问题。再次,研究者要确保研究设计符合研究问题的需求。最后,提出至少一个理由说明为什么选择混合研究方法是适当的,即证明研究设计的合理性。

2)混合研究方法选择的关键决策

研究者在设计混合研究方法时,要在选择混合研究方法设计上作出四个关键决策:

(1)确定定量和定性部分的交互程度

交互程度指定性和定量部分保持相互独立或是相互作用的程度,定性、定量部分两种大致关系为独立的或相互依赖的。

(2)确定定量和定性部分的优先次序

研究者还需要作出决策,确定设计中定量和定性部分的相对重要性,在回答研究问题上定量和定性方法的相对重要性或相对价值。

（3）确定定量和定性部分的时序

研究人员还要决定两种研究的时序。时序（也指研究步调或实施过程）指研究中定量和定性部分的时间关系，学者需要规划定量和定性数据收集和分析的时间关系。

（4）混合方式

研究人员需要确定在何处以及如何"混合"定量和定性部分。混合也称作结合和整合，指研究中定量和定性部分的明确关联，即研究者处理混合研究方法中独立关系和交互关系的过程。

2. 定性与定量研究方法之间的联系

定量研究是对事物进行量的分析和研究，侧重于揭示数字描述下的各种本质问题。它可以帮助人们更加精准地认识自然和社会现象，并从量上对各种现象进行分析，是进一步准确把握事物发展内在规律的必要途径。定性研究是指在自然环境条件下，通过现场观察、体验或访谈收集资料，对社会现象进行分析和深入研究，并归纳总结出理性概念，对事物加以合理解释的过程。如定性研究可用于了解消费者对于服装品牌的态度、认识、观点、期望、体验和选择等，了解时尚领袖、时尚品牌和追随者的关系、观点、行为、经验和态度以及干预措施的可行性，或者研究项目实施过程的评价等。这两种研究方法本身都有自身的不足，因此，使用某种单一方法可能无法充分解决问题。表4-6分别列出定量研究和定性研究方法的优缺点。

表4-6 定性与定量研究方法的优缺点

	优点	缺点
定量研究	1. 通过大量的人群数据得出结论 2. 有效地分析数据 3. 分析数据内部的关系 4. 探索可能的因果关系 5. 控制偏差	1. 无深入的个人故事和体验，内容枯燥 2. 不记录参与者的现场表现和身体语言 3. 对于参与者本身的背景理解有限 4. 主要由研究者决定所要收集的数据内容
定性研究	1. 获得研究对象的详细观点 2. 抓住参与者的话语信息，从参与者的角度收集信息 3. 在具体的故事情景中理解参与者的经历 4. 基于参与者的观点，而非研究者的观点	1. 研究结果的可推广性受到限制 2. 提供的是软性数据 3. 研究的人群数量较少 4. 主观性较强 5. 由于依靠参与者的信息较多，研究者的专长不能得到很好的发挥

所有的研究方法本身都有优缺点，当我们单独使用定量研究或者定性研究无法充分理解和回答研究问题的时候，就需要采纳混合研究方法。混合研究方法区别于单一的定性研究以及定量研究之处在于，混合研究方法试图综合使用两种研究路径，讲求实用主义，最大化的实现研究目的。混合研究方法通过实现定性和定量两种研究方法的强强联

合来帮助研究,优势如下。

(1) 多视角的综合:通过结合定量数据(封闭、可量化的数据)和定性数据(开放、基于个人经验的数据),混合方法提供了一个更丰富和全面的理解框架。

(2) 数据的互补性:定量数据提供广泛性和可比性,而定性数据则提供深度和情境化的见解。

(3) 工具性与背景的结合:将定量数据(例如统计信息)与定性数据(例如个人经历、场景描述)结合,以获得更丰富的分析。

(4) 初步探索与确认研究的结合:定性研究可作为初步探索,为后续的定量研究提供基础。

(5) 增强研究预测的准确性:结合定性数据可以更好地定义研究的参与者群体和干预措施。

在选择适合的研究方法时,研究者必须综合考虑三个核心因素:研究问题与所选方法的适配性、研究者自身的经验背景,以及目标受众的期望和偏好。

1) 与研究问题的适配性

首先,研究方法的选择必须与研究问题紧密相连。对于旨在识别结果影响因素、评估干预效果或解释预示性结果的研究问题,定量研究方法通常更为适合。这一方法特别适用于理论的检验和解释环节,例如在社会科学研究中分析大样本数据来检验假设。

相反,当研究问题聚焦于新颖概念或现象的深层理解时,定性研究方法则显得尤为关键。这种方法适用于那些研究领域,其中关键变量尚未被充分探究或理解。

混合研究方法设计的优势在于,它能够综合定量和定性研究的优点。例如,当研究需要同时总结总体结果并深化对个体现象或概念的理解时,混合研究方法是非常有用的。这种方法通过结合封闭式的定量数据和开放式的定性数据,使研究者能够更全面地理解研究问题。

2) 研究者的个人经历

研究者的教育背景和经验也是决定研究路径的重要因素。具有技术、科学写作、统计学和计算机统计软件等方面经验的研究者,可能更倾向于选择定量研究方法。这一方法强调严格的研究过程和规则,适合于需要高度系统化操作的研究。

定性研究方法则要求研究者具备丰富的写作、文本分析、组织访谈和观察的能力。这种方法提供了更大的创新空间和个性化方法,适合那些喜欢自由探索和创造性工作的研究者。

混合研究方法者则需同时掌握定量和定性研究的知识,理解结合这两种数据形式的基本原理,并对整个研究设计有深入的理解。混合研究方法要求研究者具备多方面的知识,能够有效地组织和实施研究计划,同时也意味着可能需要更多的时间来收集和分析数据。

3）目标受众

研究者需要考虑他们研究成果的主要受众,包括期刊编辑、学术委员会成员、会议参与者及同行学者等。特别是对于学生而言,导师对不同研究方法的支持和偏好可能会显著影响他们的研究路径选择。不同受众对定量、定性或混合研究方法的熟悉程度和偏好将直接影响他们对研究方法的接受程度。

研究方法的选择应当基于一个综合性的考量,包括研究问题的性质、研究者的专业背景,以及目标受众的特定需求和期望。这一过程不仅是技术性的决定,也反映了研究者对于研究方法学的深入理解和运用能力。

3. 混合研究方法设计的类型

为了使研究便于管理、实施和表述,研究者应当认真选用最适合研究问题的设计,并仔细考虑混合的理由。另外,根据类型学选择研究设计,也意味着研究者选择了一种指导方法实施的框架和逻辑——这种框架和逻辑旨在确保最后形成的研究设计,是严格的、令人信服且高质量的。

混合研究方法设计主要分为一致性并行设计、解释性时序设计、探索性时序设计和嵌入式设计四种基本混合研究方法设计。

1）一致性并行设计

在一致性并行设计中,研究者同时进行定量和定性研究,赋予两种方法同等重要性,并在分析阶段整合结果。例如,研究者可能采用这种设计来全面了解消费者对某种新型服装材料的接受程度。在一定时期内,研究者不仅通过问卷调查收集消费者的定量反馈,还通过焦点小组访谈收集关于该材料的定性见解。然后,研究者将这两种结果合并,以评估消费者对该材料的整体态度和接受程度。

2）解释性时序设计

解释性时序设计包含两个阶段:先进行定量研究,再进行定性研究。这种设计一开始先收集、分析定量数据,这一阶段旨在提出研究问题。第一阶段之后,接着是定量数据的收集与分析。研究的第二个阶段——定性阶段,是根据第一个阶段——定量阶段的研究结果进行设计的。研究者会阐释定性结果如何有助于解释第一阶段的定量结果。例如,研究者首先收集有关消费者购买某类服装的定量数据,然后根据这些数据的分析结果,进行定性访谈,以深入理解消费者的购买决策过程和偏好。

3）探索性时序设计

与解释性时序设计相反,探索性时序设计的第一阶段更强调定性数据的收集和分析。研究者根据第一阶段的探索结果,进行第二个阶段——定量阶段,来检验或总结第一阶段的发现,阐释研究是如何根据定性结果建构得到定量结果的。例如,研究者可能先收集消费者对特定服装品牌的定性反馈,然后基于这些反馈开发问卷,以定量方式评估更广泛消费者群体的品牌态度。

 案 例

混合研究方法的应用

研究目的:为深入了解户外运动服装消费者特征及其渠道选择差异,研究通过深度访谈,应用扎根理论提取消费者购买户外运动服装的消费特征,并根据消费特征设计调查问卷,采用 K-means 快速聚类将户外运动服装消费者分为完美主义型消费者、功能日常化消费者和实用主义型消费者三类,探讨不同类型消费者在渠道选择上的差异。

研究方法:混合研究方法(探索性时序设计)。

研究过程:第一阶段采用扎根理论法,通过定性数据的收集和分析,将户外运动服装消费者的消费特征分为产品层面与消费者层面(表 4-7)。产品层面由受外界影响、产品价格、产品功能性和产品外观四个维度构成;消费者层面由品牌忠诚度、品牌感知、户外服装日常化和决策前钻研四个维度构成。

根据第一阶段的探索结果,研究者进行第二个阶段——定量阶段,采用 K-means 快速聚类将户外运动服装消费者分为完美主义型消费者、功能日常化消费者和实用主义型消费者三类(图 4-5)来探讨不同类型消费者在渠道选择上的差异。

表 4-7 扎根理论编码结果

主范畴	范畴	初始概念	频率
产品	A1 受外界影响	朋友推荐	27
		知乎、B 站、公众号博主等推荐	23
		他人评价	16
		被他人使用的产品种草	15
		品牌营销	8
		购物网站算法推荐	7
		店员引导	3
	A2 价格	性价比高	25
		价格在预算之内	19
		有折扣	15
		使用频率低,选择相对价格低的	7
		一分钱一分货,倾向购买高价品	4
		价格不敏感	3

（续表）

主范畴	范畴	初始概念	频率
产品	A3 功能性	户外和日常的刚需	25
		对户外装备的功能性需求	21
		对功能性差别不敏感	9
		功能适合自己的需求	17
	A4 外观	符合审美	25
		风格版型等适合自己	12
		日常穿搭性	6
消费者	B1 品牌忠诚度	对品牌忠诚	4
	B2 品牌感知	品牌认知度	16
		品牌专业性	8
		品牌的追随者	7
		对品牌的信任	5
		不在意品牌	3
	B3 户外服装日常化	日常穿着户外服装	4
		只在户外运动时穿着户外服装	5
	B4 决策前钻研	热衷钻研品牌和产品	10
		随性购买型	6

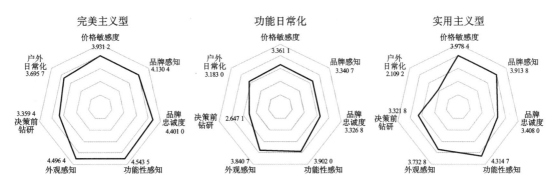

图 4-5 户外运动服装消费者类型

研究结果：户外运动服装消费者的消费特征分为产品层面与消费者层面。产品层面由产品价格、产品功能性和产品外观三个维度构成；消费者层面由受外界品牌忠诚度、品牌感知、户外服装日常化和决策前钻研四个维度构成。户外运动服装消费者可以被分为完美主义型消费者、功能日常化消费者和实用主义型消费者 3 类，并深入探究了不同消费群体的特征及行为差异。

案例来源： 张梦琪, 陈彩霞, 张芯源, 李敏. 户外运动服装消费者类型及渠道选择研究 [J]. 针织工业, 2024.

4）嵌入式设计

嵌入式设计指研究者在传统的定量或定性研究设计中, 收集、分析定量和定性两种数据的情况。在研究设计中, 为了在一定程度上增强总体设计, 研究者可能在定量研究设计（如实验）里, 加入定性部分; 或是在定性研究设计（如案例研究）里加入定量部分。例如, 在进行关于服装市场趋势的定量研究时, 研究者可能加入关于消费者个人服装选择和偏好的定性调查, 以增强对市场数据的理解。

每种混合方法设计提供了不同的研究路径, 使研究者能够根据具体的研究目的和背景选择最合适的方法。在服装领域的研究中, 这些设计使研究者能够全面地理解消费者行为、市场趋势和产品发展等多维度问题。研究者在选择合适的混合方法设计时, 应仔细考虑其研究目的、资源和预期的研究成果, 以确保研究设计的有效性和科学性。

4. 混合研究方法的优缺点

混合研究方法的核心在于通过融合定性和定量方法, 提供对研究现象的更全面解释。这种方法使研究者能够从多角度探索复杂问题, 生成关于所研究现象的综合性描述, 从而回答涉及"如何"、"为什么"、"什么"、"谁"、"何时"和"多少"等更广泛问题。混合研究方法特别强调替代研究方法的整合, 并要求研究者明确阐释不同方法和数据类型如何以及为什么相互补充。这种方法特别关注研究中定性和定量方法的相互作用, 避免任意或无序地结合不同方法。

混合研究方法的设计包括对"三角测量"概念的深入理解和应用, "三角测量"指的是在研究过程中使用两种或以上的方法、数据源或理论来研究同一现象, 从而增强研究的有效性和可靠性。这种方法可以帮助研究者从不同的视角观察问题, 提高研究结果的深度和广度, 减少偏见和误解。这意味着研究者需明确如何有效利用多种数据和方法之间的相互验证潜力。

然而, 混合研究方法也存在一定的局限性:

时间和成本增加: 整合多种研究阶段可能导致研究设计和数据收集的时间框架延长, 从而增加项目的整体时间和成本。

技能要求提高: 研究者需要掌握定性和定量研究方法的技能, 这不仅增加了研究者的技能要求, 还可能导致偏离某一方法的专业知识。

方法分类的简化: 在使用定性和定量方法区分混合方法设计时, 需要认识到这种分类可能掩盖了更复杂的现实情况。

实用主义哲学的误解: 混合研究方法的基础哲学——实用主义, 可能被误解为一种权宜的、原则性缺乏的方法。实用主义在哲学意义上并非如此,也不应简单地与混合方法等同。

不同方法结果的不一致性:如果不同方法得出的结果无法相互证实,研究者可能需要进行更多研究来探究背后的原因。

在应用混合研究方法时,研究者应谨慎权衡其优势和局限性,并在整个研究过程中保持对方法之间相互作用的敏感性和批判性思维。

5. 混合研究方法的使用清单

1. 该研究是否做了以下一项或多项:
   - 使用了一种以上的研究方法? ☐
   - 结合一种以上的研究数据? ☐
   - 根据不同的模型提出问题(探索性/解释性)? ☐
2. 该研究是否有一个清晰的设计,显示了定性、定量和部分的顺序及优势? ☐
3. 定性和定量的部分是否以明确的方式集成? 这种情况是否与以下情况有关:
   - 数据收集的方法? ☐
   - 定性和定量数据? ☐
   - 数据分析的类型? ☐
4. 与只使用一种方法相比,使用混合研究方法策略的好处是否得到了明确的说明? ☐
5. 使用混合研究方法策略的基本原理是否基于以下一个或多个标准? ☐
   - 特定研究问题的需要;
   - 提高数据的准确性;
   - 提供更完整的解释;
   - 深入分析;
   - 帮助对参与者进行抽样;
   - 作为补偿特定方法优缺点的手段;
   - 原则上看混合研究方法基本上是良好实践。

第五章

数据分析与论文撰写

本章包括定量数据分析、定性数据分析和科技论文撰写三个部分。在定量数据分析中，涵盖了数据类型、数据准备、数据分组与描述、关系探究、统计检验、数据演示和验证等内容，帮助读者掌握定量研究数据分析的方法和技巧。定性数据分析部分则介绍了定性数据分析的原则、类型、准备、分析方法以及数据呈现和验证，使读者能够有效地处理和解释质性研究数据。科技论文撰写部分指导读者如何阅读、撰写、结构化科技论文，并介绍了投稿和学位论文答辩的流程，帮助读者规范论文写作，提升学术论文的质量和影响力。

5.1 定量数据分析

定量数据是以数字形式表示的数据。它主要与调查、实验等研究策略以及问卷调查、观察、测量等研究方法有关。然而，定量数据并不仅限于这些来源。内容分析也可以将文本数据（如访谈记录）转化为数字数据。因此，在定义定量数据时，应认识到定量数据可以通过多种研究方法产生，它们包括，通过问卷调查法得到的对封闭式问题的回答，通过访谈法获得的对文字整理稿的分析，通过观察法、测量法得到的实验测量数据，以及文件中获得的官方统计数据（包括健康、教育、贸易等数据）、商业数据（企业业绩和就业情况等）和企业报告的内容等。

1. 定量数据的类型

数字在研究中可以用于衡量不同类型的事物，但研究人员需要明确所使用的数据类型，因为这对数据处理和得出结论有重大影响。定量数据可分为四种主要类型，包括定类、定序、定距和定比数据。

（1）定类数据是根据事物归入类别进行计数的数据，最基本的定量数据类型，几乎不允许进行统计操作，例如性别或族裔等分类。

（2）定序数据是基于有序关系的数据，类别之间存在排序，可以进行比较，例如问卷调查中使用的李克特五段或七段量表的回答。

（3）定距数据类似于定序数据，但类别之间的间距是已知的比例关系，可以使用加减操作进行比较，例如历年的收集数据。1966 年、1976 年、1986 年、1996 年和 2006 年收集的数据不仅在早或晚方面有所不同，而且在已知的时间跨度间隔内也有早晚之分。这使得研究人员可以使用加减法来对比各个时期之间的差异：1976 年和 1986 年之间的差异可以直接与 1996 年和 2006 年之间的差距进行比较，以此类推。

（4）定比数据类似于定距数据，但具有一个真正的零点作为绝对参考点，可以使用乘除操作进行比较，例如收入、距离和体重等数据。

此外，数据还可以分为离散数据和连续数据两种类型。离散数据是基于整数单位出现的现象，例如家庭中孩子的数量，每个家庭的测量是准确的，不需要近似。连续数据则基于连续变量的最接近的小单位来测量，例如身高、年龄和体重，研究人员实际上需要将数据分类并了解类别的界限。

对于研究人员来说，了解所使用的数字数据类型及其可能存在的限制是非常重要的。这样可以选择适当的统计技术来处理数据，并确保对数据进行准确的解释和推断。

2. 定量数据准备

在研究中，原始数据常以数字的形式出现，然而在科学研究的有些情况下，研究人员需要从文字或图片的阶段将其转换为适合定量分析的数字格式，这个过程被称为数据编码。编码通常在研究的早期阶段进行，建议在收集数据之前进行编码。以问卷调查为例，假设研究人员想了解人们的职业情况，并对 1 000 人进行调查。调查表中可能有一个问题要求被调查者提供自己的职业。这将导致大量以文字形式出现的数据，涵盖了各种可能性。这种格式的数据难以处理和分析。为了便于分析，研究人员需要确定较少的职业类别，并将每个工作分配到相应的类别中。每个类别都有一个数字代码，通过为每个职业赋予适当的数字值来进行编码。例如，可以使用现有的官方职业分类来区分人们的职业。这样，分析过程就可以通过数字值来处理数据，而不是处理 1 000 个不同的职业名称。

3. 数据分组和描述

在定量数据分析的初始阶段，针对服装行业的研究，首先需要对原始数据进行有效的组织，使其易于理解和分析。例如，在评估一家服装公司不同分店的月销售额时，若数据量庞大，原始数据可能难以解读。此时可以将这些销售额数据按顺序排列成一个数组，这有助于更好地组织和观察这些数据。例如，可以按销售额从高到低的顺序排列各分店，制作成表格，使数据更易于分析和理解。

下一步是进行频率统计，这有助于了解某些数值出现的频率。例如，可以统计不同消费额区间的品牌会员数量，从而识别哪些消费额区间最常见。这种频率统计可以揭示数据的某些特性，并引导我们思考为何某些频率更常见，这可能是偶然现象，也可能是背后存在的某些根本原因。

当面对大量频率数据时，可以通过将频率进行分组进一步简化数据组织。例如，可以将销售额分为 0～100 万、100 万～200 万等不同的区间，这有助于更清晰、逻辑地理解不同分店销售额的分布情况。然而，需要注意的是，数据分组可能会改变数据的特性。一旦数据被分组，就意味着对数据施加了一种特定的结构。虽然分组频率分布使数据更易于理解,但同时数据也可能偏离其原始状态,呈现出由研究者主观设定的特征。

在定量数据分析中,研究人员需要提供集中趋势的描述,其中包括平均数、中位数和众数。平均数是通过将所有值相加并除以总数来计算得到的,它适用于定距和定比数据,但对于定类数据不合适。平均数容易受到极值的影响,因为它包含了所有值,较大的数据集和较少的极值可以减小异常值的影响。中位数是数据范围的中点,通过将值按顺序排列后找到中间的点得到。它适用于定序、定距和定比数据,并且不受极值的影响。中位数提供了一种直观的测量方法,它不受极端值的影响,但更适合小样本和低数值情况。众数是一组数据中出现频率最高的数值。它适用于定类、定序、定距和定比数据。众数与中位数一样不受极值影响,但是可能出现存在多个众数的情况。在描述数据时,研究人员需要考量数据的集中趋势与这三个指标之间的差异,并根据特定目的选择适合的衡量标准。

研究人员在描述一组频率时,除了集中趋势的测量,还可以使用分散程度相关指标来了解数据的范围,这些指标包括极差、分位数和标准差。极差是描述数据范围最简单的方法,通过计算最大值与最小值之间的差得出。然而,极差存在局限性,容易受到极端值的影响,可能对数据范围造成误导。分位数是基于将数据范围划分为等份的思想计算的。常用的是四分位数,将数据分为四个部分,或者百分位数,将数据分为 100 个部分。分位数有两个主要用途:一是用于选择分析案例,可以排除极端值,例如在社会科学中,分位数常用于收入和财富的比较,可以重点关注第二、三个四分位数,以此排除过高值和过低值的影响;二是用于比较不同部分的数据,例如比较最高和最低的部分。标准差是一种衡量数据分散程度的指标,它通过考虑数值相对于平均值的变化程度来计算,标准差在定量数据分析中有重要作用,可以进行进一步的数学分析,是其他统计程序的基础。然而,需要注意的是,标准偏差只适用于定距和定比数据,不能用于定类数据或定序数据。

4. 探究数据间的关系

研究人员需要探究数据间的关系,希望找到变量之间的联系,或者不同组数据之间的关系。比如不同面料特性(如纤维类型、编织方式)和热阻值之间的关系。这可以通过数据表格、图表的初步观察开始,但通常需要通过统计检验来支持发现的关系是否具有显著性。例如,研究者可能会使用相关性分析或回归分析来检验某些面料特性是否与热阻值之间存在显著的统计关联。通过这些方法,研究者可以确定观察到的关系是否超出了偶然出现的范围,从而为他们的发现提供坚实的统计支持。

 案 例

集中趋势、范围和显著性水平

研究目的:探究服装消费者观看电商直播时向其他人推荐直播间意愿的影响因素。

研究方法:研究人员通过问卷调查人口统计变量、影响因素和推荐意愿。为了更直观地看出不同月消费水平消费者在直播推荐意愿上的差异,研究列出了其推荐意愿打分的平均数、中位数和标准差,研究将月消费水平分为小于等于800元、800～1 200元、1 200～1 800元、1 800～2 500元和2 500元以上,其对应的消费者直播推荐意愿平均数分别为3.44、3.88、3.69、4.26和4.05,中位数分别为3.43、3.85、3.70、4.43和4.07,标准差分别为0.882、0.660、0.811、0.991和0.861。研究表明,月消费在1 800～2 500元的消费者相较于其他消费者推荐直播的意愿更加强烈,且这类消费者在直播推荐意愿上波动最大。

研究中使用非参数检验方法对不同性别、年龄、职业和月消费水平的消费者在直播间推荐意愿上的差异进行了分析。结果显示,职业、性别和年龄对推荐意愿的显著性p值分别为0.141、0.238和0.389,均大于0.05,故不同职业、性别和年龄的消费者在推荐意愿上不存在显著性差异,而月消费水平对推荐意愿的显著性p值为0.046,$p <$ 0.05,故对推荐意愿存在差异,即不同消费水平的消费者在推荐意愿上有所不同。

案例来源: 叶宝文,朱奕,陈彩霞. 服装类电商直播对消费者推荐意愿的影响[J]. 毛纺科技,2021,49(06):36-40.

5. 关联和差异的统计检验

在服装领域的自然科学研究中,统计分析扮演着关键角色,尤其是当评估不同变量间的关联或比较不同组别间的差异时。以下是几种常用的统计检验方法。

1)判断两个变量存在显著关联:卡方检验

卡方检验是一种适用于定类、定序、定距和定比数据的灵活统计检验方法。可以使用基于性别、种族和职业等因素的定类数据,这些因素在社会研究人员收集的数据中非常常见。也可以使用基于实验测量获得的定距数据,例如,在研究服装面料的透湿性与其面料纤维成分之间的关系时,研究者可能会使用卡方检验来分析面料类型(如棉、涤纶等)和不同透湿性能的关联性。这种检验基于变量之间没有相互影响的零假设,通过比较实际观察到的数据和理论上预期的分布来确定关系的显著性。

 案 例

卡方检验示例:不同人群的无钢圈文胸购买偏好

为了探索上海地区不同人群在无钢圈文胸产品的购买偏好和决策方面是否存在显著差异,学者对上海地区231名使用过无钢圈文胸的消费者进行问卷调研。研究者选择将年龄、收入和文胸尺码作为自变量,搭配购买偏好、穿着效果偏好、购买渠道偏好、购买频率以及购买单价作为因变量。通过依次交叉进行卡方检验,得到了不同消费者的无钢圈文胸购买偏好差异,如表5-1所示:其中搭配内裤一起购买的偏好受年龄和收入影响显著($p <$ 0.05);购买渠道受年龄和文胸尺码影响显著($p <$ 0.05);购买单价受收入影响显著($p <$ 0.001)。不同消费者在穿着效果偏好和购买频率上没有显著差异。

表 5-1　卡方检验结果

因变量	自变量	卡方值	df	Sig. 双侧
搭配购买偏好	年龄	17.813	8	0.023
	收入	24.629	8	0.002
	文胸尺码	4.050	6	0.670
穿着效果偏好	年龄	4.004	4	0.405
	收入	0.559	4	0.968
	文胸尺码	6.894	3	0.075
购买渠道偏好	年龄	15.658	8	0.048
	收入	3.470	8	0.902
	文胸尺码	14.777	6	0.022
购买频率	年龄	17.882	20	0.595
	收入	20.303	20	0.439
	文胸尺码	19.934	15	0.174
购买单价	年龄	33.128	24	0.101
	收入	65.671	24	0.000
	文胸尺码	22.314	18	0.218

案例来源:

张芯源,李敏.上海地区无钢圈文胸消费偏好及购买意愿研究[J].针织工业,2023(01):73-77.

2) 判断两个组或类别存在显著差异: T 检验

当比较两组数据以确定它们之间是否存在显著差异时,T 检验是一个非常合适的选择。例如,在比较两种不同洗涤方法对面料色牢度的影响时,研究者可以收集经过不同洗涤处理的面料样品的颜色保持数据,并使用 T 检验来分析两种方法间的差异。这种检验利用数据组的均值和标准差来确定差异的显著性。

T 检验的零假设通常是假定两组数据的均值没有显著差异,即它们的差异是由于纯粹的随机变异引起的。在 T 检验中,试图通过比较两组数据的均值来确定它们是否存在显著的统计差异。如果 T 检验的结果表明在统计上存在显著差异,那么可以拒绝零假设,表示两组数据的均值不相等。

此外,还有其他一些统计检验方法可用于比较两组数据的结果,这些方法适用于定序数据而不是定距或定比数据。例如,曼-惠特尼 U 检验(Mann-Whitney U test)是一种广泛应用的检验方法,它通过使用每个组中案例的排名顺序来进行比较。这种方法适用于定序数据,特别是在没有实际百分比分数可用的情况下,例如考试成绩的等级(如 A、B 等)。

3) 判断三个或更多组、类别之间存在显著差异:方差分析

方差分析是一种用于比较多个组或多个因素之间差异的统计方法。它通过将总方差分解成组内方差和组间方差的成分来评估各组之间的差异。方差分析通常用于以下情况:

(1) 比较多个组的均值:方差分析用于比较三个或更多组的均值,以确定它们是否在某个因变量上存在显著差异。

(2) 检验多个因素的影响:方差分析也可以用于研究多个因素对因变量的影响,并确定这些因素是否以及如何相互作用。

(3) 用于实验设计:方差分析通常与实验设计结合使用,以确定不同处理条件是否显著影响实验结果。这有助于研究者确定哪些条件对实验结果产生重要影响。

(4) 检验数据正态性和方差齐性:在进行方差分析之前,通常需要检验数据是否满足正态分布和方差齐性的假设,如果数据不符合这些假设,可能需要采取数据变换或非参数方法。

4) 评估两个变量之间的关联强度:相关性分析

当目标是确定两个变量之间联系的密切程度,而非仅仅判断它们之间是否存在显著关联时,相关性分析成为关键工具。例如,在研究面料厚度与其保暖效果之间的关系时,可以使用皮尔逊积矩相关系数来评估这两个变量之间的相关强度。

两个变量之间的相关性可以通过散点图可视化展现,这需要涉及定比、定距或定序数据,而不能用于定类数据。此外,为了达到最佳效果,通常需要相对较大的数据集。在相关性分析中,最常用的两个相关统计指标是斯皮尔曼等级相关系数(Spearman's rank correlation coefficient,适用于定序数据)和皮尔逊积矩相关系数(Pearson's product moment correlation coefficient,适用于定距和定比数据)。

相关系数的取值范围在 -1 到 1 之间,其中相关系数为 1 表示两个变量之间完全正相关,相关系数为 -1 表示两个变量之间完全负相关,而相关系数为 0 则表明两个变量之间没有线性关系。然而,在实际情况中,相关性很少会完全达到 1 或 -1,通常会落在这两个极端之间。研究人员一般认为,相关系数介于 0.3 到 0.7 之间(无论正负)都表明两个变量之间存在一定程度的相关性。0.3 通常被视为相对较弱的相关性,而 0.7 则被认为是相对较强的相关性。

需要注意的是,相关性并不等同于因果关系。相关性仅仅用于描述两个变量之间的关联程度,而不能确定哪个变量是因果关系中的原因,哪个是结果。因此,相关性分析无法来证明因果关系。如果研究人员希望探讨因果关系,通常需要使用回归分析或其他因果推断方法来进行进一步研究。

5) 评估变量之间的关系:回归分析与结构方程模型

回归分析旨在研究和建立两个或多个变量之间的相关关系,此方法关注于探究变量间数量变化的普遍规律,并构建一个数学模型,以便于通过已知变量预测未知变量。这种分析对于进行估计和预测具有重要意义。在实施回归分析时,需要明确研究目标以确定自变量(解释变量)和因变量(响应变量)。

回归分析与相关性分析的主要区别在于变量角色的确定性。在回归分析中,根据研究目的必须明确区分自变量和因变量;而在相关性分析中,两个变量不区分这种角色。对于变量 x 和 y,相关性分析仅能计算出一个相关系数,而回归分析则可能根据研究目的的不同,建立两个不同的回归方程。相关分析要求两个变量均为随机变量,可能无法建立方程;而回归分析要求自变量可控,因变量为随机变量,从而能够构建方程。两者的联系在于,相关分析是回归分析的基础和前提,而回归分析则是对相关分析的深入和延伸。

结构方程模型(Structural Equation Modeling, SEM)广泛应用于社会科学、教育研究、心理学、市场营销、健康科学等多个领域中的数据分析。它允许研究者构建和测试理论模型,以探讨变量之间的因果关系、潜在变量(即不直接观测到的变量)的影响以及变量间的复杂交互作用。结构方程模型通过结合测量模型(measurement model)和结构模型(structural model)两大部分,为研究提供了一种强有力的分析工具。

SEM 能够测试复杂的理论模型和假设,包括多个自变量和因变量之间的关系。这种方法允许同时考虑多个中介变量和调节变量,提供了一种检验理论模型内在结构的有效手段。在很多研究领域,研究者常常需要分析不可直接观察或测量的潜在变量,如态度、满意度、知觉等。SEM 通过测量模型部分允许研究者使用多个指标变量来估计这些潜在变量的值,从而对它们进行更准确的分析。实施结构方程模型分析的软件工具有多种,包括但不限于 AMOS、LISREL、Mplus 和 PLS。这些软件各有特点,能够满足不同研究需求。

与传统的回归分析相比,SEM 能够提供更丰富的因果关系分析。它不仅可以评估直接效应,还可以分析间接效应(通过一个或多个中介变量)和总效应(直接效应和间接效应的总和)。

6. 有效演示数据

统计软件的普及为研究人员提供了方便的工具来制作表格和图表。这些工具的有效利用不仅涉及技术操作,还包括对设计的深入理解,以确保所呈现的信息既全面又易于解读。以下是一些关于制作表格和图表的关键考虑因素,以及如何有效利用这些工具以达到最佳的数据呈现效果。

制作表格和图表时,必须包含以下关键信息,以确保它们对读者具有实际价值:

① 编号和标题:通常情况下,表格和图示是单独排序编号的,编号后有标题,标题应清晰、准确、概括性地描述所示的内容。

② 辅助标签:有完整的辅助标签,如图示中横轴和纵轴的标签,表格中行、列内容的标签等。标签必须清楚地说明内容,如度量单位等,尽量不要使用缩写。

③ 图例：图表需尽可能具备独立的可理解性，所有的图示都应该对其中不同类型的线、底纹或颜色所代表的含义进行描述。

④ 单位信息：在表格的列或图表的坐标轴上明确标示单位，以便于读者理解数据的量纲。

⑤ 数据来源：如果数据源自其他研究或文献，需要明确标注。

此外，通常情况下，水平轴（x 轴）用于表示自变量，垂直轴（y 轴）用于表示因变量。例如，在服装行业的研究中，研究者可能在 x 轴上展示时间（年份），在 y 轴上展示特定服装产品的销售额，以分析时间对销售的影响。

1）表格

表格的设计应兼顾清晰性和信息量。在制作涉及大量数据的表格时，合理使用水平和垂直的分隔线或空白行可以帮助阅读者更好地追踪和理解信息。

在学术论文中，表格是展示和分析数据的重要工具。一个有效的表格不仅能够清晰地传达信息，还能增强论文的整体质量。为了实现这一目的，以下是设计表格时需要遵循的几个关键原则：

（1）使用表意完整的标题和标签

明确的标题：表格的标题应准确反映表格的内容和目的。标题要简洁明了，但同时足够详尽，以便读者可以迅速理解表格所表达的核心信息。例如，在服装行业的市场研究中，标题可能是"2024 年各品牌服装销售量对比"。

清晰的标签：表格中的行和列需要有清晰的标签，这些标签应直接指出每个单元格中的数据类型。标签应简洁且直观，以便于快速理解。

度量单位和说明：所有的数值和数据应标明度量单位，如件、千克、百分比等。如果表格包含特定的计算或使用了特殊的度量标准，应在表格下方或旁边进行注释说明。

（2）确定合适的数字精度

适宜的精度：数字的精度应与研究的精确性和数据的性质相符。过度的精确可能会导致信息过载，而不够精确的数字可能无法准确传达关键信息。

一致性：在同一表格中，相同类型的数据应保持一致的数字精度。例如，如果销售额以百元为单位报告，则所有相关数据都应按照这一标准来表示。

（3）使数字形成数列

有序排列：数据应按照某种逻辑顺序排列，如按时间顺序、数量大小或按字母顺序等。这样的排列可以帮助读者更容易地分析和解读数据。

比较和趋势分析：如果表格旨在展示比较或趋势分析，数字的排列应该便于这些分析。例如，在展示不同年份的服装销售趋势时，年份应从左至右或从上至下顺序排列。

在设计表格时，综合考虑以上原则至关重要。表格应该足够简洁，以便快速阅读和理解,同时又包含足够的信息以支持学术论文中的论点或分析。此外,表格的设计应与论文的总体风格和格式保持一致,确保整体的专业性和一致性。

2) 柱状图

柱状图适用于显示定类或离散数据的频率分布。例如,在分析不同品类服装在四个季度的销售量时,柱状图可以直观地展示每个品类各个季度的销量。使用柱状图是应避免过多的类别,以免图表显得过于拥挤和难以解读(图 5-1)。

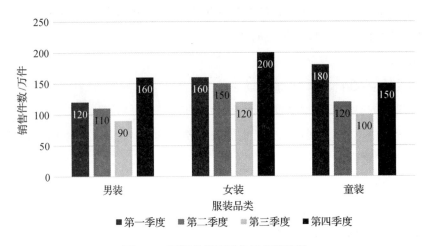

图 5-1 不同品类服装各季度销售量

3) 条形图

条形图通常用于比较不同类别或数据点之间的数值差异。与柱状图不同的是,条形图通常是水平的,数据的条形通常是水平排列的,从左到右表示不同类别或数据点的值(图 5-2)。条形图通常用于比较不同类别之间的数据,例如不同产品的销售额比较。

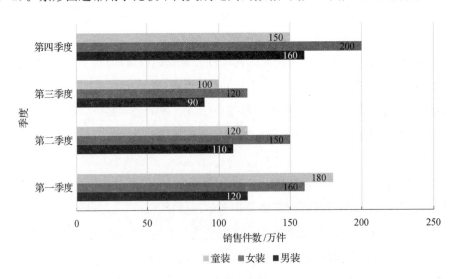

图 5-2 各季度不同品类服装的销售量比较

4）散点图

散点图展示两个变量之间的关系。例如,研究者可以使用散点图来分析服装价格与其销售量之间的关系,每个点代表一个特定价格点的销售情况。

5）饼图

饼图通常用于显示不同类别或部分在整体中的比例关系。饼图的主要特点是由一个圆形区域组成,该圆形区域被分成多个扇形,每个扇形的角度大小表示相应类别或部分所占比例(图 5-3)。

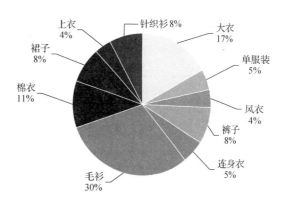

图 5-3 不同品类服装销售占比

6）折线图

折线图是一种用于可视化数据趋势和变化的图表类型。它通常由一系列数据点连接而成的线条组成,其中横坐标表示时间、顺序或其他连续性变量,纵坐标表示相应数据值。折线图的主要特点是通过线条的变化展示数据的趋势、变化和关系(图 5-4)。

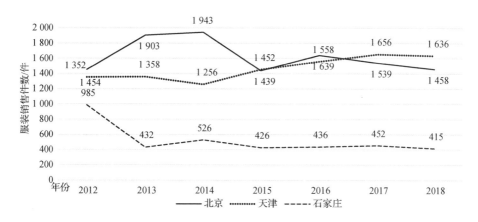

图 5-4 2012—2018 年各地区服装销量增长趋势

在选择呈现数据的方式时,研究者应当考虑到数据的类型、所要传达的信息和预期受众。表格和图表应当简洁、明了,避免过度装饰或复杂化,以确保读者能够快速且准确地获取信息。同时,合理地调整图表元素,如坐标轴刻度和类别分组,以避免数据被误解或曲解。统计软件通常都包含制作表格和图表的功能。因此,对于研究人员来说,绘制表格和图表通常不是什么大问题。制作好图表的技巧更多涉及"设计"问题和研究人员的以下能力:

① 提供足够的信息,避免给读者造成信息过载的困扰;

② 通过视觉线索和适当的呈现方式帮助读者解读图表；

③ 从解决问题的角度出发选择适当类型的图表。

研究人员在选择如何呈现定量数据时需要做出一些战略性决策,并不是某类图表更好,而是这类图表更适合特定目的。研究者需要在早期决定他们所考虑的图表是否与表5-2中的信息相关。

表 5-2　信息类型与图表选择

信息类型	图表选择
重点展现数量和频率	推荐表格、柱状图或直方图
重点展现关系程度	推荐散点图或列联表
重点展现一段时间的数据 重点展现总数的比例	推荐折线图 推荐饼图或堆叠柱状图

7. 验证数据

定量数据分析的核心在于对数据的准确性、适用性和解释的正确性进行严谨的验证。这一过程确保数据的准确记录适用于研究目的,同时保证分析得出的结论是正确的。以下是定量数据分析中进行数据验证的主要步骤:

数据检查:首要任务是检查数据以确保其无误。特别是在手动输入数据的情况下,研究者应当核对数据文件,以确保其准确无误。举例来说,如果有一个包含100份已完成的问卷调查,每份问卷包含15个问题,手动录入数据时需要输入1 500个数据点。即使错误率只有0.5%,也可能会导致7或8个数据点出现错误。因此,在最终的数据文件中进行数据清洗是必要的,以消除这些错误。针对大型数据集,可以对随机样本进行核对,而对于小型数据集,则应检查整个数据集。

研究者可以考虑以下几点以确保数据的有效性:

① 工具的可靠性检查:通过"测试+重测"方法,研究者可以在不同时间使用相同的研究工具,并比较结果,以此验证工具的可靠性。此外,可以使用"分半"方法,即将数据集一分为二,比较这两部分的一致性。

② 回答的一致性:研究者可以检查类似特征的受访者是否给出了一致的答案,或者通过设置"甄别题"来比较对类似问题的回答是否一致。

③ 观察者间的一致性:尤其是在基于观察的研究中,研究者需要比较不同研究者对相同数据的记录,以检查一致性。

为了评估数据的有效性,还可以考虑以下几个方面:

数据的普遍适用性:研究结果是否适用于其他人和其他情境可以通过将结果与其他类似环境进行比较来评估。

分析的有效性:研究者需要验证他们的分析方法是否"正确"或更准确地说是否"有效"。这可以通过比较不同分析方法的效果来实现,同时还需要考虑其他可能的理论解释,以确保分析的有效性。

这些措施和考虑因素有助于确保研究数据的有效性和可信度,从而提高研究的质量。

8. 定量分析的优缺点

定量分析是科学研究中的关键组成部分,其科学性、置信度、测量准确性、分析效率和数据展示清晰性等优点使其成为研究领域的重要工具。然而,这种分析方法也有其局限性,如数据质量的依赖性、过度技术化、数据过载以及分析的科学性问题。

1)定量分析的优点

科学性:定量数据分析依赖于数学和概率原理,使得研究具有科学的严谨性。它不受研究者主观价值观的影响,而是基于客观事实和数据。

置信度:显著性统计检验提供了对研究发现的置信度,增强了研究者对自己的研究解释和发现的信心。

测量:定量数据提供了坚实的描述和分析基础。研究发现基于实际的测量数据,而不是主观印象,且这些数据可由其他研究者验证。

分析效率:在恰当的规划和准备后,大量的定量数据可以使用数据分析软件快速处理,使研究者能够迅速审查和分析结果。

数据展示:利用表格和图表可以清晰、简洁地展示定量数据。利用先进的计算机软件,研究者可以更加轻松地设计和展示数据。

2)定量分析的缺点

数据质量问题:定量数据的质量依赖于数据的收集方式和研究问题的设计。不准确的数据收集方法可能导致研究结果的不准确性。

过度的技术主义:研究者可能因为过度专注于分析技术而忽视了研究背后的更广泛问题。特别是在计算机软件易于使用的情况下,可能过分关注技术而忽略了研究的真正目的。

数据过载:处理大量数据可能令研究者不堪重负。数据量过大可能导致分析过程变得复杂,使得研究者难以管理和理解所有数据。

科学性的相对性:尽管定量分析看起来客观科学,但研究者在分析数据时仍然拥有一定程度的自由裁量权。他们的选择和决策可能以微妙的方式影响研究结果,因此,定量分析并非完全客观无误。

9. 定量分析使用清单

1. 我清楚我使用的数据类型(定类、定序、定距、定比)吗?	☐
2. 数据集是否足够大以支撑统计分析?	☐

3. 数据分析所使用的任何统计程序是否适用于：
- 我所收集的数据类型（即定类、定序、定距、定比）？ ☐
- 描述频率（例如平均值、中位数、众数、标准差）？ ☐
- 检查关联性（例如相关性、卡方检验、T检验）？ ☐

4. 显著性统计检验是否达到了显著性水平（$p < 0.05$），以证明基于数据的结论是合理的？ ☐

5. 数据分析的结果是否以适当类型的表格或图表呈现？ ☐

6. 表格或图表是否避免了"信息过载"？ ☐

7. 表格或图表是否清晰且经过深思熟虑的设计？ ☐

8. 表格的列或图表的坐标轴是否提供了所代表单位的所有必要信息？ ☐

9. 如果数据来自他人的研究，原始来源是否已经被认可？ ☐

5.2 定性数据分析

1. 定性数据分析的原则

定性数据分析旨在解释和理解非数值化数据（如文字、图像、声音等）的内在意义和模式。此方法强调对数据的质性特征进行深入理解和解释，以获取关于研究对象的详细描述和丰富的背景信息。

在数据收集和理论之间的相互作用方面，定性研究方法与定量研究方法具有显著的差异。在定量研究中，研究者有时可能过度关注数据的收集和统计分析，而忽视理论的重要性。相反，在定性研究中，数据收集、分析和理论的关联更为紧密，研究者更加重视理论的指导作用和支撑。

在定性研究中，数据收集过程通常是灵活的，可根据研究问题和理论框架的发展进行调整。研究者常通过开放式访谈、观察、文本分析等方法来收集数据。在数据收集过程中，研究者与参与者进行深入的交流，以理解其观点、经验和意义，同时研究者的理论框架也随之不断发展和修正。

定性研究中的数据分析与理论紧密相连。研究者在分析数据时，常使用归纳和演绎的思维方式，探寻数据中的模式、主题和关系。分析过程包括数据收集、整理、编码、分类、归纳和模式识别，这一过程是灵活且互动的。研究者需要不断回顾和解释数据，深入理解研究问题，并生成关于现象的理论性解释。定性数据分析的核心原则包括迭代性、归纳性以及以研究者为中心。

（1）迭代性：分析是一个不断演变的过程，数据收集和分析阶段同时进行。

（2）归纳性：分析往往从具体到一般，通过对局部数据的详细研究，分析试图得出更抽象和概括性的关于主题的陈述。

（3）以研究者为中心：认为研究者的价值观和经验会影响分析。研究者的"自我认同"在分析过程中被视为重要因素。

在定性数据分析中，研究者需要灵活运用各种技巧和方法，如编码、分类、主题分析、理论定位等，以揭示数据的深层意义和模式。此外，研究者应保持开放思维，尊重参与者的声音和观点，并通过持续的反思和讨论，提高研究的信度和效度。

2. 定性数据类型和准备

定性数据类型分析是解释和理解定性数据的过程。定性数据可能是口头或书面的文字形式，也可以是观察到的视觉图像或创意作品。这些数据通常与研究策略（如案例研究、扎根理论、民族志学和现象学）以及研究方法（如访谈、文件和观察）相关。然而，定性数据也可通过其他途径产生，例如调查问卷中的开放性问题。因此，研究方法并非定性数据的定义特征，关键在于数据的性质，具体见表5-3。

表5-3 定性研究数据类型

定性数据	获取方法	数据类型
访谈记录	面对面访谈	文本/音频
观察记录	实地观察	文本/图像
文本文档	文献研究	文本
图片	现场拍摄	图像
视频记录	视频录制	视频/音频
社交媒体帖子	网络收集	文本
口述历史	口述访谈	文本/音频
个人日记	个人记录	文本

定性研究中的数据准备和组织至关重要。原始定性数据通常难以以系统化和有意义的方式进行研究，因此在进行数据分析前，需要对数据进行收集、处理和归档。

（1）保护原始数据的完整性至关重要。应该创建数据备份，并在数据分析过程中使用备份副本，以防止原始数据的意外损坏或丢失。原始数据应该妥善保存，并与备份副本分开存放，以确保数据的安全性。

（2）对数据进行编目和索引是必要的。为每个原始数据分配唯一的序列号，并建立有效的参考系统，以便在数据中导航和记录重要信息，这对于发现和深入分析模式、主题或关系至关重要。

这种准备和组织过程有助于确保定性数据的可靠性和可信度，并为后续的数据分析奠定基础。这不仅帮助研究者保护原始数据,还为引用和分析数据提供了有效的途径,确保研究的准确性和可靠性。

3. 转录访谈录音

在扎根理论研究方法的应用中,访谈录音的文字转录被视为一个关键环节,其重要性体现在对原始数据的有效整理和分类,以及维护数据完整性和准确性方面。此过程涉及将录音设备记录下的访谈内容转化为文字形式,要求研究人员进行精确的听写,以确保受访者的言语被准确无误地记录。转录的主要目的是促进后续的数据分析和理论构建。

然而,实际操作中,研究人员发现转录工作既耗时又劳力密集。例如,一个小时的录音可能需要数倍的时间来转录,转录所需时间取决于录音的清晰度、转录设备的可用性以及研究人员的打字速度。因此,在规划面访调查时,转录过程必须被视为其重要组成部分,而非仅仅是在主要访谈工作之后的附加任务。

尽管转录过程劳动密集且费时,但其在研究中的价值不容小觑。这一过程使得访谈内容得以再次审视,为研究人员提供了"贴近数据"的机会。当使用访谈作为获取定性数据的手段时,此过程尤为宝贵。转录的最终成果提供了一种相较于原始录音更易于分析和处理的数据形式,便利了研究人员进行深入的数据分析和理论推导。因此,尽管转录过程要求高度的投入和精确性,其在定性研究中的作用至关重要。

1)注释

在转录过程中,研究者应将非正式的笔记和评论放置在受访者话语旁边,这些注释可以基于在转录过程中回想起的记忆或者在访谈过程中以及访谈结束后不久所做的笔记。它们应包括对访谈氛围的观察,如手势、外部干扰、不舒服的沉默或其他能赋予谈话内容更丰富含义的元素。这些注释应置于页面的特定栏中。

2)行编号和编码

为了定位转录本的不同部分并导航至特定点,转录本中的每一行应有唯一的行号。定性数据分析软件通常包含此功能,但也可以使用基本的文字处理软件(如 MS Word)实现。页面布局应包括合理的空白空间,以便做笔记,页面一侧应留有宽阔的空白处,用于数据的编码、分类和笔记。

3)转录问题

录音的转录不仅仅是简单的机械性工作,其中涉及挑战,如:录音难以听清、谈话内容的语气和重音难以在文字记录中表现、需要在谈话中添加标点和句子结构以便读者理解等。因此,转录过程中,数据可能失去某些意义。鉴于这些挑战,研究人员需要在转录时保持严谨和敏感,以确保数据的质量和可靠性。

4. 计算机辅助定性数据分析

定性数据分析(Qualitative Data Analysis,QDA)程序的广泛普及已成为研究的新常态。与过去不同,当今研究人员面临的挑战不再是寻找任一可用的分析程序,而是从众多可用程序中挑选最适合自己研究需求的一个。表5-4为几种常用的QDA程序,可通过访问它们的官方网站获取更多信息,下载演示版本进行体验。

表5-4　定性数据分析软件及其链接

定性数据分析软件	链接
AQUAD	www.aquad.de/en
Atlas.ti	www.atlasti.com
Ethnograph	www.qualisresearch.com/
HyperResearch	www.researchware.com/
HyperTranscribe	www.researchware.com/
MAXqda	www.maxqda.com/
NVivo	https://lumivero.com/products/nvivo/
QDA Miner	www.provalisresearch.com/QDAMiner/QDAMinerDesc.html
Qualrus	www.qualrus.com/
TAMS	sourceforge.net/projects/tamsys/
T-LAB	www.tlab.it
Weft	www.pressure.to/qda/

5. 定性数据分析方法

定性数据的分析方法可以根据研究目的、数据类型和研究设计的不同而有所差异。表5-5是一些常见的定性数据分析方法。

表5-5　常见定性数据分析方法

分析方法	分析目的	数据来源	数据的重要性	关注的焦点	分析单位	数据处理方法	数据分析方法
内容分析	揭示文本的主题和模式	书籍、文章、采访记录等	重要性和频率的分析	文本的内容和信息	单个文本或文档	编码和分类	主题分析、频率分析
扎根理论分析	从数据中发展出新的理论或概念	采访、观察、文献等	理论的生成和发展	理论的涌现和演变	单个案例或数据集	比较、归类和整理	对比分析、模式识别
话语分析	理解和解释语言使用的意义和效果	口头对话、录音、访谈等	语言的表达和交互	语言的使用和效果	语言单位（句子、对话）	转录和注释	语义分析、语篇分析
会话分析	研究对话中的交互和社会互动	观察、录音、访谈等	对话的结构和动态	对话的交互和互动	对话和交互单位	转录和标记	对话分析、序列分析
叙事分析	研究个体或群体的叙述和故事结构	口头叙述、书籍、文献等	叙述的内容和结构	叙述的情节和叙事方式	个体或群体的叙述	故事线索的识别和整理	主题分析、情节分析

1）内容分析法

内容分析法是一种分析文本、声音或图像等多种形式数据的研究方法。该方法在社会科学领域如政治学、教育学和历史学中得到广泛应用，用于量化和分析文本内容。此方法通常遵循一套逻辑性强且相对简洁的程序。

基本步骤包括：

（1）选择适当的文本或图像样本：选择样本时需要明确选择标准。如果采用抽样方法进行选择，则需要对所使用的抽样技术进行合理的说明和论证。

（2）将文本分解为较小的组成单位：可以以每个词为单位进行分析，也可以以完整的句子、整个段落或标题等为单位进行分析，也可以基于视觉图像或图片的内容进行分析。

（3）为分析数据制定相关的分类：研究者需要明确自己关注的类别、问题和思想，并思考它们在文本中的表现形式。可以使用与主题相关的"关键词"作为分类标准。例如，研究性别偏见的内容分析可能会寻找男孩名字和女孩名字的出现次数，将名字作为内容性质的指示。研究者还可以根据名称的种类对文本进行编码，而不仅仅是统计这些名称出现的次数。

（4）根据分类进行编码：需要仔细地对文本进行编码，编码可以写在文本上或通过专门设计的计算机程序输入。

（5）计算这些单位出现的频率：分析的第一部分通常是统计各个单位出现的次数。

内容分析法的优势在于提供量化文本内容的方法，清晰且原则上可重复。然而，其局限性在于可能将单元及其频率归因于作者的意图，同时忽略其他解释，且可能受研究者主观判断和偏见的影响。

 案　例

内容分析法的应用

以往的研究基于社会化媒体与组织沟通、利益相关者参与等相关文献，采用网络志和内容分析法总结了非营利性组织在社会化媒体 Twitter 上发布信息内容的三大关键功能：单向信息传播、促进沟通及对话以建立线上社区、激励和动员粉丝行动，并提出 ICA 社会化媒体营销内容分类框架。服装品牌在社会化媒体中发布的信息数量庞大。运用内容分析法可将服装品牌社会化媒体中的信息内容进行内容编码和统计，将定性内容量化后再对其进行统计分析，有助于了解服装品牌社会化媒体营销现状。

本研究围绕新浪微博和微淘两大核心社会化媒体，从服装品牌的营销内容出发，运用内容分析法，进行服装品牌社会化媒体营销现状分析。依据类目互斥并完备原则，沿用以往研究定义的 ICA 分类框架,将社会化媒体营销内容划分为信息提供、社区构建、行为引导三类。其中,信息提供类指与企业、品牌相关的单向传播信息,其不以品牌宣传、动员用户采取某种行动或建立社会化社区为目的。社区构建类通过促进互动沟通和信息共享,从而建立社区或利于加强社区联系的信息。行为引导类以促销、宣传、动员为内容核心功能,指让用户为品牌采取某些行动的信息,包括产品购买、参加品牌活动、帮助宣传品牌、企业和营销活动等。进一步归纳整理现有的 ICA 分类框架研究文献,本研究初步将社会化媒体营销内容划分为包括信息提供、社区构建、行为引导三个一级类目和企业信息、品牌信息、问候感谢、时事趣闻、科普知识、客户服务、反馈回复、信息征求、产品推广、品牌宣传、打折促销、转发抽奖、招商招聘 13 个二级类目的分类框架。

在确定最终的 ICA 分类编码指南前,选择正式编码外的服装品牌微博、微淘信息各 165 条,进行预编码,以完善分类框架。由三名对微淘、微博较为熟悉的服装行业专业人士(硕士学历)参与预编码工作。预编码前,对编码人员进行反复多次培训,保证编码人员充分了解每个类目及维度的定义、涵盖范围和实例,熟悉编码指南和编码表的使用,在此过程中完善和调整编码表和编码指南中的维度及定义。

预编码完成后,研究人员针对编码不一致的类目,与编码人员共同讨论,调整类目定义的表述,并将不合理的类目进行合并或删除,反复进行预编码和编码培训,直至三位编码人员的编码结果达到较好的内部一致性。统计分析三位编码员两两间的预编码结果,得 Cohen's Kappa 系数 k 均值为 0.9,说明按编码表划分服装品牌社会化媒体营销内容效果甚佳,据此形成最终的编码指南,并展开正式编码。

2）扎根理论

扎根理论是一种主要用于分析访谈文本(也适用于其他类型定性数据)的社会科学研究方法。它要求对文本进行细致审视,并涉及逐步的编码和分类数据的过程,最终目标是从数据中提炼出概念和理论。

扎根理论的研究过程通常包括以下步骤:

（1）探索数据:研究人员需要对数据进行反复阅读,以熟悉数据内容。这包括了解数据的细节,熟悉其中所述的事情、行为、观察和描绘的细节。研究人员可以开始对文本(或图像)进行较为表面的观察,以刷新对数据内容的记忆并了解可用的广泛材料。

（2）笔记和备忘录:随着分析的进行,可能会出现新的相关内容或新的解释。研究人员需要记录这些新的想法。简短的思考可以附加在数据上,但更详细的洞察力可以作为备忘录记录。备忘录对于记录新的思考和探索与数据分析相关的新可能性非常有价值。此外,备忘录还记录了研究人员对代码和分类的出现分析决策的思考过程。它们提供了研究人员决策的永久和有形记录,其他研究人员可以检查。实际上,它们使分析过程明确和可靠,并可以成为"审计路径"的一部分。

（3）对数据进行编码：编码是将原始数据附加标签或标记的过程。它们可以采用名称、缩写或数字的形式，只要代码简洁且系统地用于将数据片段与和分析相关的想法联系起来。代码的使用与将各个数据部分放置在组织良好的方式中以便识别和存储的过程有所不同。在对数据进行解释时，研究人员进行分析性编码。代码化过程是定性数据分析中的一个核心步骤，它帮助研究者识别和理解数据中的模式和主题。

（4）对代码进行分类：下一步是确定代码可以分组成类别的方式。这些类别作为一个总称，可以将多个单独的代码放置其中。术语"分类法"有时用于描述这个分析阶段，反映了将数据的各个组成部分分类为关键标题的一般思想。研究人员的任务是建立数据之间的联系。

（5）减少代码和类别的数量：一开始可能会有大量的代码和类别，因此，分析的一部分是确定是否存在足够一致性使得可以合并一些代码，并将其他代码合并到更广泛的类别中。合并在类别中的每个代码都与其他代码共享某些特征，并且这些特征对于分析特别相关。此时还需要对哪些数据比其他部分更重要做出决策。

（6）构建代码和类别的层次结构：理解数据将涉及对高级和低级代码进行区分。高级代码将更广泛和更具包容性。然而，研究人员的任务是通过将一些（低级）代码包含在其他更广泛的（高级）代码下来构建代码的分层金字塔。类别必须在较高的通用性层次上操作，这将允许它们涵盖许多较低层次的、更具体的代码。

（7）检查代码、类别和概念：不断迭代完善代码、类别和概念，意味着可能需要多次查看、阅读数据，以便对代码、类别和概念进行开发和完善。

（8）开发关键概念：原则上，扎根理论分析的目标是以较高级别的代码和类别为基础，确定关键概念。这些概念的开发是分析的主要目的，因为它们为数据提供了新的见解，并构成了研究中出现的理论或总体结论的基础。

3）话语分析

语言不仅是传递事实信息的工具，而且是创造现实的方式。话语分析旨在理解和解释话语中的意义、权力关系和话语行为，揭示文本或图像背后的目的和假设。话语分析超越显性内容，研究隐藏信息、文化意义以及读者的解读者角色。

话语分析的不足之处是不容易进行审核追踪，以满足传统研究评估的要求，验证其方法和结果并非易事，这是因为话语分析在解释数据时特别依赖研究者的洞察力和直觉。进行话语分析时需注意：确定研究的话语方面；明确特定话语、文本或图像的相关背景意义和文化假设；应用合适的解构方法；话语分析不具有固定过程，但需要清晰理解研究内容与话语的联系。

尽管话语分析在验证和审核追踪方面存在困难，但其为理解语言创造现实的角色提供了深刻洞察。

4）会话分析

会话分析是一种研究语言在交际中如何完成任务和达成目标的方法。它关注自然发生的对话，探究日常生活中语言完成常规性任务的方式。会话分析者通常关注对话结构和顺序的重要性，强调对话是社会生活的基本构建单元。尽管会话分析依赖文化洞察力，但研究人员需要具备与对话参与者共享的背景知识，以合理解释日常对话。

6. 呈现和验证数据

定性数据分析构成了一项复杂且非线性的过程，与定量数据分析的规范化和线性特性形成鲜明对比。这一特性要求研究人员在描述其数据分析过程时必须保持高度透明性，并详细阐释其采取的各项步骤和方法。然而，在涉及定性数据的研究报告中，由于定性研究的本质复杂性和数据分析过程的特殊性，研究人员往往未能充分描述使用的统计技术和数据操作方法，导致数据到研究结论的转化过程常被忽略，使得读者难以理解数据的分析过程。因此，研究人员的责任不仅仅在于报告其数据收集的方法，还需详尽说明数据分析的过程和最终得出的发现。

在定性研究中，数据的呈现本质上较为复杂，因为数据通常基于文字、图像或多媒体形式，不易用简洁的统计数字表示。因此，研究人员在有限的篇幅内呈现数据时需具有选择性，但这种选择性并非旨在证实某个特定观点，而是用以支持和阐述研究的论点。

定性数据的有效性和可靠性是定性研究的关键考量。由于定性数据主要基于语言和文本，其有效性难以通过传统的准确性和精确性标准衡量。为验证数据的有效性，研究人员可采用参与者验证方法，将研究结果呈现给参与者，以确认其是否准确反映了他们的经验和观点。在可靠性方面，尽管定性研究与定量研究在重复性方面不同，但研究人员可通过同行评审和多次复查增强数据的可靠性。此外，定性数据的呈现还涉及修辞学元素，即如何以有说服力的方式展示研究，传达其权威性和真实性。研究人员可采用不同的写作风格以实现此目标，这并非旨在掩盖数据的复杂性或缺乏可信度，而是为了在保持透明度的同时，以一种能激发读者兴趣的方式呈现数据和分析过程。

在定性研究得出数据后，需要判断定性研究的可信度，而定性研究涉及深入探索社会现象，由于其主观性和独特性，传统的可信度标准并不总是适用。以下是传统可信度标准在定性研究中的困难以及采取的一些应对措施：

（1）有效性：有效性涉及数据的准确性和适当性，以及其是否恰当地测量研究问题。然而，定性数据往往是基于语言、图像或多媒体，难以通过准确的度量来衡量。为了解决这一问题，研究者可以通过参与者验证，即将研究结果反馈给参与者，以确保数据准确地反映了他们的经验和观点。

（2）可靠性：指研究工具在不同情境下是否产生一致结果。定性研究的灵活性和复杂性意味着在不同情境下可能产生不同结果。增强可靠性的方法包括同行评审,提供数据和分析结果给同行审核,以确保分析过程的中立性。

(3)概括性(外部有效性):涉及研究结果应用于其他情境的可能性。定性研究通常专注于特定情境的深入理解,将结果推广到其他情境可能存在困难。解决方法是在报告中提供充足的背景信息,使读者能够理解研究情境和限制。

(4)客观性:在定性研究中,完全消除研究者的主观性几乎是不可能的。然而,研究者可以采取透明的方法,详细描述数据分析过程,并确保在整个研究中保持公正和中立。

定性研究的特性使得传统可信度标准难以直接应用。然而,通过参与者验证、同行评审、数据三角检验等多种方法,研究者可以从不同角度验证数据的可靠性和准确性。微妙的现实主义视角强调了在保持研究的科学性的同时,也要考虑定性研究的独特性。因此,定性研究的可信度是一个综合性问题,要求研究者在方法论、过程和结果呈现上保持透明和逻辑,以确保研究的质量和可信度。

7. 定性分析的优缺点

定性分析作为科学研究中的一种重要方法,具备多种显著优势,但同时也面临若干挑战。研究者需要在应用定性分析时意识到这些局限性,并采取适当的策略来克服或减轻这些问题的影响。

1)优势

(1)深入理解与丰富性:定性分析提供对社会现象深入且详尽的理解,通过精细的描述和解释揭露其背后的复杂性和细微差别。这种深度和丰富性促进了对研究对象更全面、更深刻的洞察。

(2)上下文和情境理解:定性分析强调社会现象的上下文和情境,将之置于特定的社会、文化和历史背景中加以解释。这有助于理解社会现象的根源、影响因素和意义,从而提供更全面的分析。

(3)灵活性和适应性:定性分析具有高度的灵活性,可根据研究目的和问题进行调整。研究者能够基于实际情况进行深入探索和细致观察,不受预先设定的假设和变量的限制。

(4)深度的理论发展:定性分析能够促进理论的深入发展。通过对实际情境的详细研究,可以产生新的理论洞见,并为社会科学领域的理论建构和扩展提供基础。

(5)多重研究者参与:定性分析允许多个研究者之间的协作和验证,增加了研究结果的可验证性。通过交叉验证和审查,可以确保结果的准确性和可靠性。

(6)交叉验证的应用:定性分析中,使用多种数据源和方法来验证研究结果。这一策略有助于增强研究的有效性和可靠性。

2）局限性

（1）主观性和研究者偏见：定性研究结果可能受研究者的主观判断和偏见影响。研究者的个人背景和经验可能会影响对数据的解释，从而影响研究的客观性和可信度。

（2）一般性问题：由于定性研究通常侧重于小样本和特定情境的深入研究，其结果的普遍适用性可能有限，这限制了研究的外部有效性。

（3）耗时的数据收集和分析：定性研究通常需要较多的时间和资源来进行数据收集和分析，如访谈、观察和文本分析等方法。

（4）主题选择的挑战：合适的主题选择和问题设定对于研究的成功至关重要。如果主题和问题设定不当，研究可能无法提供有价值的见解。

（5）一致性和可靠性问题：定性研究的结果可能因研究者间的差异而缺乏一致性和可靠性。不同研究者可能会得出不同的结论，增加了结果验证的复杂性。

（6）数据量的挑战：处理大量的文本、图像或多媒体数据可能复杂且耗时。

（7）缺乏量化和统计分析：定性研究通常不涉及数量化和统计分析，使得对结果的验证和比较更具挑战性。

（8）文化和语境的影响：文化差异和语境变化可能会影响定性研究的应用，导致数据的误解或失真。

8. 定性数据分析清单

1. 调查结果报告是否包含对数据分析过程的明确和详细说明？这涉及分析方法的选择、应用和调整的透明描述。☐

2. 报告是否提供足够细节，以便允许外部评估者对研究过程中的关键决策进行审计或复查？☐

3. 分析是否采用了迭代方法，即循环的反思和调整过程，以确保研究结果的深度和准确性？☐

4. 分析是否基于对数据的彻底和深入审查，以确保对研究主题的全面理解？☐

5. 数据分析过程是否包括了验证数据的适当步骤，以确保其准确性和可靠性？☐

6. 是否提供了充分的细节，以便让读者考虑研究结果的普遍适用性或局限性？☐

7. 研究是否以"开放的心态"处理主题，即是否允许新的见解和理解的形成？☐

8. 在分析和解释数据时，研究是否考虑了其他可能的解释，从而确保了分析的全面性和公正性？☐

9. 研究报告是否包含对研究人员自身及其可能对研究产生影响的一些反思性描述，以揭示潜在的偏见或影响因素？☐

（续表）

10. 所选用的数据分析方法是否适合处理所采集的定性数据（如文本、图像）？研究
的目的是否与以下一项或多项相符合：
● 寻找隐藏的信息——内容分析？　　　　　　　　　　　　　　　　　□
● 发展概念或理论——有根据的理论？　　　　　　　　　　　　　　　□
● 通过话语分析揭示权力的运作？　　　　　　　　　　　　　　　　　□
● 揭示谈话的基本规则和结构——对话分析？　　　　　　　　　　　　□
● 自我与社会世界建构的叙述——叙事分析？　　　　　　　　　　　　□
● 解释图像的意义和文化意义——基于图像的分析？　　　　　　　　　□

5.3　科技论文撰写

1. 科技论文阅读

阅读学术论文与日常阅读截然不同，它是一个复杂的过程。它不仅要求读者遵循与论文展现顺序不同的阅读策略，而且还要求进行深度笔记、多次阅读，并在必要时参考其他文献以获取详细信息。这一过程在初始阶段可能相当耗时，但随着经验的积累，效率将逐渐提高。以下是对学术论文阅读过程的深入分析。

（1）论文结构的了解：绝大多数学术研究论文都遵循摘要、引言、方法、结果、结论或讨论这种特定的结构。不同期刊可能对这些部分的顺序有所不同，因此重要的是要注意每个部分的内容以及它们如何互相联系。

（2）作者及其背景：开始阅读前，审视作者和其所属机构的声誉是必要的，这对了解研究的背景和可能的偏见至关重要。

（3）期刊的声誉：论文发表的期刊可以提供关于研究质量和可信度的重要线索。发表论文的期刊也应受到严格审视，一些已被 Web of Science 等数据库收录的期刊通常更为可靠。一些知名的科学期刊通常代表着较高的研究水准。

（4）词汇的理解：在阅读过程中，对每个不熟悉的术语进行彻底的研究。科学术语通常具有非常精确的含义，对理解论文内容至关重要。

（5）记录与总结：在论文边缘做笔记，记录关键点、数据和可能存在疑问的部分。尝试在阅读后用一两句话简洁地总结论文的核心。

（6）与其他研究比较：将论文与该领域的其他作品进行比较，以评估其独创性和科学贡献。

（7）编写评论：作为评估论文的一部分，编写一份简短的评论，概括论文的主要观点、局限性或扩展性以及个人对论文的看法。

1）阅读策略

文献阅读是进行研究和学术工作的重要部分，而采用适当的阅读策略可以帮助我们更有效地理解和评估文献。

（1）当遇到不熟悉的专业术语或缩写时，务必查阅专业词典、在线词汇资源或文献中的术语表，以确保准确理解其含义。不理解关键术语可能导致对文献内容的误解。

（2）应优先阅读文章的引言部分而不是摘要。引言通常提供了对研究的背景、目的和问题的更详细的描述，有助于更好地理解文献的背景和上下文。摘要可能过于简洁，无法提供足够的背景信息。

（3）在阅读过程中，要明确文献试图解决的核心问题，这可以通过仔细阅读引言和问题陈述部分来实现。理解作者研究的目标和问题有助于聚焦你的阅读和理解。

（4）了解作者采用的方法论是非常关键的。仔细阅读方法部分，理解研究的设计、数据收集和分析方法。对于方法的合理性和适用性进行评估，以确定研究是否能够支持其结论。

（5）在阅读结果部分时，要特别关注统计数据的准确性和样本量的合理性。检查作者是否提供了足够的数据和信息来支持其结论。如果可能，尝试重现研究中的关键实验或分析，以验证结果。

（6）对文献的结论进行批判性评估。考虑作者的主张是否合理，是否基于数据和方法的可信度，以及结论是否与文献中所呈现的证据一致。还应该将文献的结论与你自己的理解和观点相比较，看是否存在差异或争议。

2）批判性阅读

批判性阅读是一种深入和有针对性地阅读文献的方法，旨在质疑和评估文献中的作者假设、论据和结论，而不是盲目接受其内容。

（1）质疑作者的假设和论据，思考作者的立场和可能的偏见，并考虑他们是否提供了足够的证据来支持其观点。质疑是否缺乏信息或数据，或者是否存在逻辑错误。

（2）仔细分析文献中使用的证据和研究方法。检查数据的来源、采集方法和分析技术是否可信。如果可能，尝试重现作者的研究以验证结果。

（3）注意文献中的推理和逻辑。确保作者的论证过程合理且无误。如果你发现逻辑错误或不一致，要指出并考虑其对结论的影响。

（4）注意作者可能存在的潜在偏见，例如资金来源、利益冲突或研究设计中的偏见，这些因素可能会影响研究的可信度。

（5）思考是否有其他解释可以解释作者的数据或结论，或者是否存在替代的观点。

3）创造性阅读

创造性阅读是一种思考文献如何可以应用于其他领域或用于拓展现有理论的方法。这种阅读方法有助于将文献的观点与更广泛的知识体系联系起来。

（1）思考文献中的观点是否可以应用于其他学科或领域。思考文献如何与你的研究或兴趣领域相关，以及它是否可以为其他领域提供新的见解。

（2）思考文献中的观点是否可以用于拓展或丰富现有理论，是否可以用于提出新的假设或研究问题。

（3）思考如何将文献中的观点应用于实际问题或创新项目。创造性阅读可以激发新的研究方向或解决方案。

（4）将文献中的观点与其他相关文献联系起来，以构建更全面的理解和知识体系。

4）笔记与概述

阅读文献时做笔记是提高阅读效率、帮助理解和记忆文献内容的重要步骤。做笔记的方式应根据个人的偏好和需要来定制，一些人更喜欢详细和完整的笔记，而另一些人可能更倾向于简洁和重点突出的笔记。关键是确保你的笔记能够帮助你更好地理解、记忆和应用文献的内容。以下是一些关于如何做笔记的详细建议。

（1）使用有效的笔记工具：在电子设备上，你可以使用文本编辑软件、笔记应用或PDF阅读器来创建数字笔记。在电子设备上，可以使用不同的文本框或文件夹来组织不同类型的笔记。在纸质文献上，可以使用不同颜色的标记笔或不同的便签来划分笔记区域。在纸质文献上，可以使用标记笔、荧光笔、便签纸或笔记本来记录信息。

（2）选择关键信息：识别文献中的关键信息，如主题、目的、方法、结果和结论。关注作者的论点和论据。将笔记整理并按照主题或相关性进行分类。可以创建文件夹、标签或索引，以便轻松查找特定的笔记。

（3）使用简洁的语言：采用简洁、易于理解的语言记录笔记。避免过于冗长或复杂的句子。开发自己的符号和缩写系统，以便在笔记中更快地记录信息。例如，使用箭头表示关联，使用"＋"和"－"表示正向和负向影响等。

（4）按结构记录：针对每篇文献，可以按照结构记录笔记，包括引言、方法、结果和结论。这有助于更好地组织和理解文献。如果计划在研究中引用文献，确保记录引用信息，包括作者、出版日期和页面号码。同时，可以添加自己的注释或反应，以便更好地理解文献和为未来的研究做准备。

（5）及时记录问题和总结：如果你在阅读过程中产生问题或想法，请务必记录下来。这些问题和想法可能有助于进一步研究或探索相关主题。在每篇文献的末尾，总结关键点和重要信息，有助于在以后查阅笔记时快速理解文献的主要内容。

（6）定期回顾：不定期地回顾文献笔记，以巩固记忆并确保理解和记住了文献的关键信息。这也有助于更好地准备写作或项目研究。

2. 科技论文的结构

科技论文与一般写作相似，但其特点在于准确性、鲜明性和生动性。科技论文的观点应与素材、文字资料、图表相配合,要求概念清晰、判断准确、推理合逻辑,并注意词汇使用和语法修辞。科技论文的内容应体现科技成就,其科学性要求比其他类型论文更为严格。科技论文不同于总结、讲义、报告或教科书,它要求作者从众多资料中搜集信息,通过自己的思考分析或实验,提出新的见解或结论。因此,科技论文必须以明确的论点为主,充分展开论证。

1)题目

科技论文的题目是其不可或缺的组成部分,起到概括文章主要内容的作用。GB7713—1987 明确指出,论文题目应以"最恰当、最简明的词语"来反映报告或论文中的核心内容。题目的作用不仅是标识论文,也是读者判断是否阅读的重要依据。因此,题名应言简意赅地直接表达主题,让读者能够大概了解论文的主题和讨论的关键问题。拟论文标题时应遵循以下规则:

(1)题名必须准确反映论文的创新点,以突出其首创性。题名中的关键词应具备可检索性,提供实用信息,避免使用空泛的题名。

(2)题名应确切、简洁且醒目,字数控制在 20 字以内,避免不必要的长题名。长题名转行时应在词语间断处进行,保持语义连贯。若题名未能完整表达内容,可适当使用副标题。

(3)题名应为词汇的逻辑组合,而非完整句子。通常只包含名词、形容词、介词、冠词和连词等,避免使用完整的主谓宾结构。同时,题名中应避免使用标点、代号、数学式和非通用缩写。

(4)题名不宜过大或过小,应选择能够深入讨论和分析的合适题目。小题目有助于深入探讨关键问题,而避免泛泛而谈。

2)作者署名

作者署名表明文责自负和著作权所有。在科技论文写作中,作者应遵循道德规范,尊重他人的劳动成果,并提供必要的作者信息,包括姓名、性别、学历、单位、职务、研究领域等,以便读者和编辑部与作者沟通。科技论文的作者必须是直接贡献者,合写论文的署名人数不宜过多。贡献度大的人员应排在前面,间接参与者可在文末表示感谢。

3)摘要

摘要是科技论文的重要组成部分,旨在开宗明义地给出文章所要研究的关键问题、主要研究对象和涉及的研究方法,阐述研究结果和发现。摘要的主要特点包括独立性、全面性、简洁性和客观性。

(1)独立性

摘要应构成一篇独立的短文,不仅仅是论文的简介或广告。它应包含论文的技术背景、解决方法、工作原理和技术效果等,尤其注重创新点的展示。

（2）全面性

摘要必须全面反映论文的全部信息，使读者能够仅通过摘要获得必要的信息和对文稿的大致了解。摘要的内容应覆盖研究的目的、方法、结果和结论。

（3）简洁性

摘要应简洁明了，中文摘要一般不超过 200～300 字，外文摘要不宜超过 250 个实词。避免冗长的背景介绍，突出论文的创新点。

（4）客观性

摘要应客观陈述，避免使用第一人称和带有主观意愿的评论。摘要中不应使用"本文""作者"等字眼，保持客观的第三人称叙述。

3）关键词

关键词是表达论文主题内容的重要元素，是文章中关键的、出现频次较多的概念或变量。关键词对于文献标引和计算机检索至关重要，应精心选择，具备代表性、通用性和序贯性，以确保论文的可检索性。

代表性：关键词应反映论文的核心内容和特征。

通用性：选择通用、专业内广泛认知的术语，避免使用非标准或内部缩写词汇。

序贯性：关键词应按照技术领域的逻辑关系有序排列，反映技术的配套关系。

4）引言

引言是科技论文的一个关键部分，旨在简要阐述研究工作的目的、范围、相关领域的先行研究成果或知识空白、理论基础、研究设想、研究方法、实验设计以及预期结果和意义。提出要研究的问题，并且论证研究的必要性和意义。

引言需具有针对性，它应扩展摘要的内容、与正文相呼应，并直接表明论文的主题。引言中应避免与摘要或正文内容的重复，而是应围绕论文的核心主题，详细叙述研究背景、现状、研究对象、研究思路及预期的研究成果。

引言应具有逻辑性，起到纲举目张的作用。即首先提出论文的主题，明确论文的核心议题，接着展示论文的主要论点，为正文的论述做铺垫。

引言的写作应以叙述性为主，避免论证和分析，不应包含公式、图表。应明确地交代研究背景，表明作者的研究意图，并提出论文的关键论点。引言中应避免过分谦虚或夸张的表述，专业术语或缩写应在引言中进行解释。

5）正文

正文位于引言与结论之间，是论文的主体部分，应分层次、条理清晰地论述研究内容。撰写正文时应遵循准确性、简明性和规范化的基本原则。

文理清晰：确保文章、段落和语句的逻辑连贯性。章节和段落应前后相承，内容明晰。

词汇准确：用词需严谨，避免误用术语，注意区分意义相近但不同的词汇，如实验和试验。科技论文讲究严密严谨，必须定量论述。科技论文中，尽量不用或少用不定量的用语，如"可能"、"大概"、"差不多"、"估计"、"也许"、"大约"、"约为"和"左右"。

统一格调：保持统一的术语、文体和风格。注意字体与字号、序号和编号、标题格式、图表、注释和参考文献的统一性。

突出重点内容：重点介绍创新内容，如新理论、新方法、新技术、新材料等。

行文简明扼要：避免冗长的描述，直接开门见山，围绕主题进行详细叙述。合理使用公式、图、表是简述论文的重要手段，较长的公式推导过程、软件程序应放在附录中。

语言简洁明了：避免使用口语和方言，用词应力求恰到好处，分析层次分明，慎重使用关联词，防止因用词欠妥或表达不当误导读者。

6）研究结论

结论在科技论文中起到画龙点睛的作用，是整篇论文的集大成者。它不仅是对研究过程和结果的总结，而且是对摘要和引言的综合回应。结论中应明确阐述研究的核心发现和论点，指出研究成果的实际应用前景和未来研究的方向，如有必要，讨论研究中的限制，并提出改进建议或未来研究的方向，若论文未能得出确定性结论，可提出未解决的问题或未来研究可能关注的领域。结论的措辞需严谨、精炼，以确保文章的完整性、准确性、简洁性、客观性和明确性。

完整性：结论应全面汇集论文的要点，包括论点、研究结果、价值和未来的研究展望。

准确性：结论应准确归纳正文的主要研究结果和价值，避免夸大或缩小其科学意义。

简洁性：结论不应重复摘要或正文的内容，而应用简明的语言表达论文的核心结论。

客观性：客观评述研究的科技价值，避免主观性和夸张。避免使用"我"的第一人称表达，以保持学术性和客观性。

明确性：结论中的肯定或否定应明确无误，避免使用模糊或不确定的词汇。不要在结论中引入新的观点或分析，结论应是对已有研究内容的总结。

7）参考文献

参考文献在科技论文中扮演着至关重要的角色，它不仅是对引用文献来源的归属表示尊重，也是展现研究继承性和发展性的重要途径。科学研究往往基于前人的工作，因此，准确列出和引用参考文献，对于展示作者的科学严谨性和对先前研究的尊重至关重要。此外，参考文献为读者提供了进一步探索研究领域的途径，增强了论文的信息丰富性和深入性。

选择标准：参考文献应与论文内容密切相关，由作者阅读过的、发表在正式出版物上的关键技术资料构成。不宜包括保密或无法查找的内部资料，未公开发表的资料应在文中以注释或脚注形式标注。

著录原则：确保列出的参考文献真实可靠，避免引用错误信息。参考文献的著录应遵循《文后参考文献著录规则》(GB/T 7714—2005)。

标注方法：可采用顺序编码制或"著者-出版年"制。顺序编码制按文献首次引用顺序编号，序号置于方括号中，并可作为上角标或语句组成部分使用。

引用方式：直接引用原文时需用引号标注；对原文意义的引用则无需引号。

8）附录

附录作为补充性或参考性材料，用于列出对理解论文内容有帮助但不宜包含在正文中的信息。它可以包括详细试验数据、计算数据、重要公式推导过程等。当有多个附录时，使用拉丁大写字母 A、B、C 等进行标识。附录中的章节号、数学式、图表编号应带有相应的附录序号。

3. 科技论文写作规范

科技论文撰写中常用的国家标准包括《量和单位》(GB3100—3102—1993)、《文献主题标引规则》(GB/T 3860—2009)、《学位论文编写规则》(GB/T 7713.1—2006)、《科技报告编写规则》(GB/T 7713.3—2009)、《校对符号及其用法》(GB/T 14706—1993)、《标点符号用法》(GB/T 15834—1995)、《出版物上数字用法》(GB/T 15835—2011)和《文后参考文献著录规则》(GB/T 7714—2005)。这些标准确保了学术写作的统一性和专业性，为学术交流提供了规范化的基础。

1）参考文献的规范

参考文献的著录可以体现作者的科学严谨性和对先行研究的尊重，展现论文的真实性、科学性以及研究的深度和广度，同时也避免对已有研究的重复叙述，提高论文的精炼性，方便读者查阅和深入了解相关研究。

著录的参考文献必须是公开发表的文献，且在亲自阅读过的文献中精选直接引用的、主要的、最新的文献，参照《文后参考文献著录规则》(GB/T 7714—2005)进行简单、清楚、准确的著录。

（1）参考文献的标注和注意事项

① 引用文献标示置于所引内容最末句的右上角，所引文献编号用阿拉伯数字置于方括号"［　］"中，不同数字之间用"，"隔开，三个及以上连续数字用"～"连接前后文献序号，如[1,3～5]；

② 引用文献标示置于所引内容最末句，所引文献的作者和年份置于"（ ）"中，不同文献之间用"；"隔开，如(Kramer,2007；Tsai 和 Men,2010；Ying 等,2006)；

③ 引文来源必须是公开出版的著作、期刊文章、报纸或学位论文等；

④ 避免将引用文献标示置于标题处；

⑤ 引用他人观点时应考虑其背景和适用范围；

⑥ 使用引文应与文章主旨保持一致,避免逻辑矛盾。

(2) 常见文献著录格式

① 专著:[序号]作者(姓前名后).书名[M].版次(初版不注).出版地:出版社,出版年:起讫页码.

② 期刊:[序号]作者(姓前名后).题名[J].刊名,出版年,卷(期):起讫页码.

③ 会议论文集:[序号]作者(姓前名后).题名[C]// 论文集名.出版地:出版社,出版年:起讫页码.

④ 学位论文:[序号]作者(姓前名后).题名[D].保存地点:保存单位,授予年份:页码.

⑤ 科技报告:[序号]作者(姓前名后).题名[R].报告题名,编号.出版地:出版社,出版年:起讫页码.

⑥ 专利文献:[序号]专利申请者.专利题名[P].专利国别,专利文献种类,专利号.出版日期.

⑦ 国际、国家标准:[序号]标准编号,标准名称[S].

⑧ 电子文献:[序号]作者(姓前名后).电子文献题名[电子文献类型/标识](类型:数据库用 DB,计算机程序用 CP,电子公告用 EB;标识:磁带用 MT,磁盘用 DK,光盘用 CD,联机网络用 OL).(发表或更新日期)[引用日期].电子文献的出处或网址.

2)数字的规范

(1) 按《出版物上数字用法规定》执行。凡是可以使用阿拉伯数字而且又得体的地方,均应使用阿拉伯数字。如:

① 公历世纪、年代、年、月、日、时、分、秒,书写年份时不能简写;

② 统计表中的数值,包括正负整数、小数、百分位数、分数和比例等;

③ 编号、文件编码、证件号码和其他序号;

④ 引文标注中版次、卷次、页码(除古籍外)。

(2) 量值中的数值一般采用阿拉伯数字,并且尽量避免使用分数,而用小数。

(3) 数字小于 1 的小数必须写出小数点前定位的 0,如 0.104。

(4) 阿拉伯数字采用国际通行的三位分节法书写,小数点前或后若超过 4 位数时(包括 4 位数),则从小数点起向左或向右,由三位分节,节与节之间应空半个字的位置(不是用逗号),如 4 412、1.123 5。

(5) 参数范围符号统一用"～"表示,例如:5～10;20%～50%不能写成 20～50%。

(6) 5 位以上的数字,尾数零多的,可以改为以万、亿作单位,一般情况下不得以十、百、千、十万、百万、千万、十亿、百亿、千亿作单位,例如 345 000 000 km 可以改写为

3.45 亿 km。

（7）数量的增加，可以用倍数、分数和百分比表示，如增加了 5 倍，数量的减少只能用百分比和分数表示。

（8）正确使用数字前后表示约数的词。不能同时使用两个以上的近似数的词，如"大约 10 cm 左右"。

（9）使用汉字数字的情形：

① 星期几一律用汉字；

② 古籍文献标注用汉字数字；

③ 并列的阿拉伯数字与其复指数相连时，复指数用汉字，如"几组数据中都含有 2、4、6 三个数"（"三"是复指数）；

④ 数字后为形容词时，如"四大优点"；

⑤ 与量词组成数量词组作定语用作泛指时，如"一种全新的实验方法"。

3）计量单位使用规范

计量单位使用需遵守《中华人民共和国法定计量单位》及《国际单位及其应用》规范，在公式、图表和文字叙述中一律使用单位的国际符号，且采用正体字体，采用单个拉丁或希腊字母表示时需使用斜体（pH 除外）。

4）公式书写规范

（1）书写位置：公式原则上居中书写。若公式前有文字（如"解""假定"等），需空两格写。

（2）序号格式：用圆括号包裹的序号放在行末顶格，不加连点。序号通常包括章节号和公式号，用半字线连接。

（3）符号和字体：表示参数的拉丁字母用斜体，数学术语的拉丁字符用正体。

（4）断行规则：长公式应在运算符后断行。上下行公式应尽量在"＝"对齐。

$$x = \frac{-b \pm \sqrt{b^2 - 4ac}}{2a} \tag{式 15-1}$$

5）表格的规范

表格应突出重点，简明扼要，表格应有序号和标题，一般按章排序，例如，"表 15-1"。表格内的数字保留统一的小数位数，小数点对齐，未测量或未统计的数据留空白；无意义的用"－"表示；实测为零的填写"0"。表格如遇上下、左右数字相同时，应在相应栏重复写出，不得使用"同上""同左"等字样；表内不用备注项，若有注释，书写在表的下方。

6）制图规范

（1）图位安排：图表靠近正文，大小应清晰反映内容。

（2）图序和图题：居中放在图形下方。

（3）自明性：图表内容不应与文字和表格内容重复，应直观明了。

（4）图形选择：能用文字表达的就不用复杂图形或照片。

（5）设计调整：设计时应突出主体，去除不必要的细节，保持图面紧凑、美观。

（6）编号统一：图序应统一编号，如"图 15-1""图 15-2(a)""图 15-2(b)"。

（7）若有若干分图，且分布集中时，最好使其大小一致。

4．科技论文投稿

1）了解期刊市场

期刊的长久声望受审稿制度、引用系数和首次提交论文与最终出版论文的时间间隔的影响。

（1）审稿制度

同行评议是学术界保证论文质量的主要流程，这个流程是否处理得当极大地影响期刊的声望。通常，为确保有专业界的资深人士参与审稿，一流期刊会把稿件发送给四位不同的资深审稿人，再由编辑根据其中三人的意见决定期刊是否录用。随着期刊等级的降低，发表要求也会逐步降低。声望相对较低的期刊也许只会请两或三位专业审稿人参与评审，只要有两个人同意录用，即可发表。

除了审稿人的数量不同外，评议的过程也有很大差异。大部分的期刊通常采用"双盲"审稿制，即审稿人收到的稿件中不含任何关于作者的信息，作者收到的审稿意见也都是匿名评论。双盲制旨在保护学术界新生作者，防止这些作者由于无名而被拒稿，使新生作者与知名作者位于同一起跑线上。同时，也避免了作者对审稿人施加影响或产生敌意。部分期刊采用"单盲"审稿制，即审稿人知道作者是谁并进行匿名评论。最后一种是"开放式"审稿制，即审稿人知道作者是谁，作者也知道是谁对其作品进行评论。

（2）引用系数

引用系数，又称影响指数或影响因子（Impact Factor，IF），是美国科睿唯安（Clarivate Analytics）公司通过旗下的 Web of Science 平台的引文资料，发表的年度出版期刊引证报告（Journal Citation Report，JCR）中的一项数据，指的是某一期刊的文章在特定年份或时期被引用的频率，是衡量学术期刊（包括自然科学和社会科学）影响力的一个重要指标，也是各个期刊衡量其与竞争对手业绩好坏的重要途径。每个认真做研究的学者都希望自己的研究成果被关注，因此，Web of Science 统计的引用系数影响了学者的投稿选择。

（3）时间间隔

科技论文的发表是个多方参与的过程。首先，编辑在收到你的论文后，会先对论文的主题、质量进行初步判断,并决定是否将其发送给一定数量的专业审稿人。审稿人在做出答复前,会先对论文进行一段时间的评议,即使是效率较高的期刊也通常要花费6周到3个月的时间,之后期刊编辑会仔细阅读审稿人的评阅意见和打分,来决定如何答复作者。如果你的文章无需实质性修改就被期刊录用,那么他就可以进入待发表的行列,一般期刊从被录用到发表需要6个月的时间,双月刊或季刊的发表周期甚至更长。一些著名的期刊还会在年度报告或期刊介绍页上公布文章的发表数据,甚至详细给出编辑过程所花费的时间。

(4)期刊选择

选择合适的期刊投稿,大大提高文章被录用的概率。服装类的期刊论文通常会投稿至纺织服装专业期刊(附录 A、附录 B)中,然而,实际上不同的纺织服装专业期刊刊登的论文研究方向也有其侧重点,如 *The Journal of The Textile Institute* 和《纺织学报》主要刊登纺织服装技术类论文,管理类论文在每一期期刊中的比例很少。因此,在选择投稿期刊时,应对相应的期刊进行研究,判断期刊近些年发表文章的研究方法、研究内容是否与等待投稿的论文相匹配,再进行投稿。

除了表中罗列的专业期刊外,还可以根据论文研究的主题选择期刊,如:论文研究的是纺织服装领域节能减排技术创新、企业社会责任实施等可持续发展论题,也可投稿至 *Journal of Cleaner Production*、*Corporate Social Responsibility and Environmental Management* 等专业领域的期刊。

2)明确科技论文评价标准

了解科技论文的评价标准有助于作者了解期刊论文的发表要求,通常,期刊会向审稿人发送一份表格,方便审稿人对审阅的论文进行打分评级,同时防止审稿人给出过于模糊或具体的评论,帮助编辑对比不同审稿人对同一稿件的看法,常用的打分标准如下:

原创性与新颖性。投稿的论文应该是原创的,且之前没有在其他任何刊物上发表过。

学术性和准确性。期刊论文应该准确完整概括与之研究问题直接相关的现有研究文献,没有包含之前所有关键内容、引用不完全或者对先前文献的错误说明都可能使审稿人认为这篇论文存在严重的学术问题。关于如何准确完整概括先前的研究文献,可参见本书的第三章。

研究方法。论文中需要采用正确的研究方法,对自己的学术观点提供充足的论证,否则审稿人会认为该篇论文缺乏专业性。

理论意义或应用价值。期刊通常还会要求文章在理论或应用中有新的贡献,重视应用性的期刊甚至写明正文中要有专门的章节阐述文章的应用价值。因此,在投稿前,应该充分挖掘文章的理论贡献和应用价值。

写作质量。在满足诸多其他要求外,期刊论文还应当具备可读性,明显的语法错误和枯燥的语言风格可能会促使审稿人拒绝录用文章。

3）论文投稿注意事项

（1）投稿期刊选择

论文投稿前应根据论文的研究主题、内容、质量对投稿期刊进行筛选。论文一般应投到本专业的期刊。同时,作者应对自己的论文水平有充分的认知,根据论文的学术水平决定投到国际著名期刊、国际一般期刊、国内核心期刊或一般期刊等。有时甚至要做好两手准备,先投哪一级期刊,若遇退稿,再退而求其次改投下一级期刊。根据实际情况,还应当考虑出版费用、出版周期、方便程度等因素。

（2）稿件格式修改

选择好投稿期刊后,要详细了解目标期刊对稿件的具体要求,如论文字数、论文标题、摘要、关键字和参考文献格式等方面的规定,一般可在期刊官网上下载到论文投稿格式模板,根据期刊的要求修改好论文后,便可投稿。如今,大多数期刊可以在线投稿,只需要在投稿页面上按照步骤进行投稿即可。

5. 学位论文答辩

学位论文答辩是学术生涯中的重要环节,它不仅是对学生研究能力的测试,也是对其学术成果的公开展示。为了确保论文答辩的质量和效果,在论文提交之后要从以下几方面抓紧时间准备论文答辩。

（1）理解答辩目的和要求:清楚了解答辩的目的、过程和具体要求。建议事先旁听其他学生的答辩,以汲取经验。

（2）深入了解自己的论文:熟悉论文的每一个部分,特别是主体和结论,确保文章中没有矛盾或模糊之处。

（3）准备答辩材料:准备论文答辩的 PPT,确保结构完整,内容扎实。同时,准备好任何必要的辅助材料,如样品、演示样衣等。

（4）进行模拟答辩:与同学一起进行试讲,以控制时间、突出重点、保持条理清晰。

（5）注重表达方式:在答辩时,注意使用生动的语言和适当的肢体语言,以吸引听众的注意力。

论文答辩过程中应根据时间限制(通常 20 分钟内),提纲挈领地介绍论文,包括选题意义、研究历史和现状、研究方法、主要发现和创新点等,切忌照本宣科。答辩时要确定讲述的重点,然后围绕各个要点按照逻辑顺序展开(图 5-5):选题的意义,即为什么要选择这个课题,研究的理论价值和应用价值是什么? 本课题的研究历史和现状如何? 即前人做了哪些研究,取得哪些成果,有哪些问题没有解决,自己有什么新的想法、提出并解决了哪些问题等。论文研究过程中采用的研究方法，包括实验是怎么设计的，数据是怎么获取的，采取了哪些措施保证数据的有效性，以及论文的结构安排等。论文结论主要说明解决了什么问题、成果有何创新之处、研究有何理论和应用价值等。

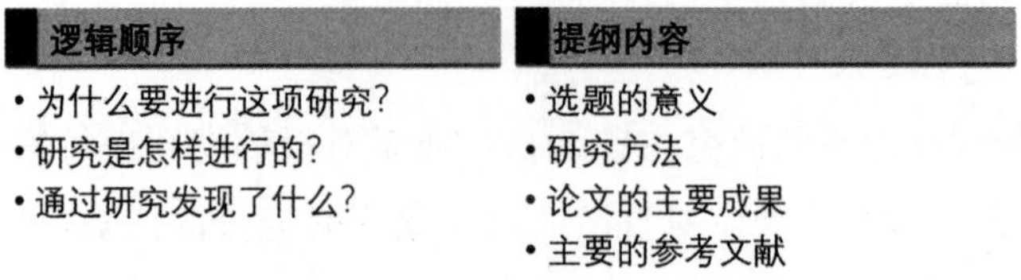

逻辑顺序	提纲内容
• 为什么要进行这项研究？	• 选题的意义
• 研究是怎样进行的？	• 研究方法
• 通过研究发现了什么？	• 论文的主要成果
	• 主要的参考文献

图 5-5　论文答辩逻辑与提纲

学位论文答辩自述时应注意与会者的表情变化，随机应变，灵活处理，如与会者感到疑惑时要加以解释，如发现自己说错，应及时改正。在答辩老师提问时，做好笔记，通过记录不仅可以缓解紧张心情，而且可以更好地理解老师所提出问题的要害和实质，同时可边记边思考。回答问题时要简短、准确、实事求是、文明礼貌。答完问题后按答辩委员会主席的示意，礼貌地表示谢意后退场。

1）毕业论文评价构成

毕业论文答辩的成绩通常由三个部分构成（图 5-6 所示），包括指导老师的审阅成绩（占 20%）、评阅老师（至少 2 名）的评阅成绩（占 40%）和学生的答辩成绩（占 40%）。

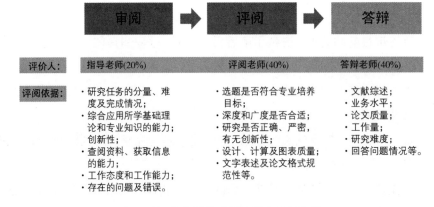

图 5-6　论文答辩成绩组成和评阅依据

学位论文答辩结束后由答辩秘书根据答辩现场表现拟定答辩决议，内容包括：

（1）论文综述：介绍论文的选题、文献综述和基本研究情况。

（2）创新点阐述：强调论文的创新之处和新见解。

（3）结构和方法评价：评价论文结构、逻辑、写作规范和研究方法，以及答辩表现。

（4）缺陷和不足：指出论文的不足之处，并建议进一步研究的方向。

（5）答辩决议：包括答辩委员会的投票情况和是否通过答辩的决定。

6. 论文撰写清单

1. 写作准备和撰写
   - 制定论文大纲,分配每个部分的字数和内容 ☐
   - 确保所需资料齐全 ☐
   - 撰写论文 ☐
   - 编辑和校对初稿 ☐
2. 引用和参考文献
   - 确保所有引用正确无误 ☐
   - 按照指定格式列出参考文献 ☐
3. 格式和风格
   - 检查论文格式(字体、间距、标题等) ☐
   - 遵守指定的写作风格和引用规则 ☐
   - 确保图表和插图清晰、标注准确 ☐
4. 自我评估和反馈
   - 自我评估论文的质量和完整性 ☐
   - 获取导师或同行的反馈 ☐
   - 根据反馈进行修改和完善 ☐
5. 最终校对和提交
   - 最终校对和润色 ☐
   - 检查完成度和符合要求性 ☐
   - 提交论文 ☐

参 考 文 献

［1］ABDI SARGEZEH B, TAVAKOLI N, DALIRI M R. *Gender-based eye movement differences in passive indoor picture viewing: An eye-tracking study*［J］. Physiology & Behavior, 2019, 206: 43-50.

［2］AUSTIN J M. *How to do things with words*［M］. London, UK: Oxford University Press. 1962.

［3］BIRKS M, MILLS J. *Grounded theory: A practical guide*［M］. London: Sage. 2015.

［4］CHARMAZ K. *Constructing grounded theory*［M］. London: Sage. 2006.

［5］CHEN C, GU T, CAI Y, et al. *Impact of supply chain information sharing on performance of fashion enterprises An empirical study using SEM*［J］. Journal of Enterprise Information Management, 2019, 32(6): 913-935.

［6］CHI T, GANAK J, SUMMERS L, et al. *Understanding perceived value and purchase intention toward eco-friendly athleisure apparel: Insights from US millennials*［J］. Sustainability, 2021, 13(14): 7946.

［7］CORBIN J M, STRAUSS A. *Grounded theory research: Procedures, canons, and evaluative criteria*［J］. Qualitative sociology, 1990, 13(1): 3-21.

［8］DENSCOMBE M. EBOOK: *The good research guide: For small-scale social research projects* ［M］. Open University Press: Maidenhead, UK, 2003.

［9］EISENHARDT K, GRAEBNER M E. *Theory building from cases: Opportunities and challenges* ［J］. Academy of management journal, 2007, 50(1): 25-32.

［10］GAO C, LIN L-Y, HALDER A, et al. *Validation of standard ASTM F2732 and comparison with ISO 11079 with respect to comfort temperature ratings for cold protective clothing*［J］. Applied Ergonomics, 2015, 46: 44-53.

［11］GAUR J, AMINI M, BANERJEE P, et al. *Drivers of consumer purchase intentions for remanufactured products: A study of Indian consumers relocated to the USA*［J］. Qualitative Market Research: An International Journal, 2015, 18(1): 30-47.

［12］GLASER B G. *Basics of grounded theory analysis: Emergence vs forcing*［M］. CA: Mill Valley: Sociology Press. 1992.

［13］GLASER B G. *Theoretical sensitivity*［M］. CA: Mill Valley: Sociology Press. 1978.

［14］GLASER B, STRAUSS A. *The purpose and credibility of qualitative research*［J］. Nursing research, 1966, 15(1): 56-61.

［15］HUANG S, ARAL S, HU Y J, et al. *Social advertising effectiveness across products: A large-*

scale field experiment[J]. Marketing Science, 2020, 39(6): 1142-1165.

[16] JOBES P C, ALDEA A, CERNAT C, et al. *Shopping as a Social Problem: A Grounded Theoretical Analysis of Experiences among Romanian Shoppers*[J]. Journal of Applied Sociology, 1996: 124-146.

[17] KIANPOUR K, JUSOH A, MARDANI A, et al. *Factors influencing consumers' intention to return the end of life electronic products through reverse supply chain management for reuse, repair and recycling*[J]. Sustainability, 2017, 9(9): 1-23.

[18] KINLEY T L, CONRAD C A, BROWN G. *Internal and external promotional references: An examination of gender and product involvement effects in the retail apparel setting*[J]. Journal of Retailing and Consumer Services, 1999, 6(1): 39-44.

[19] KOPPLIN C S, ROESCH S F. *Equifinal causes of sustainable clothing purchase behavior: An fsQCA analysis among generation Y*[J]. Journal of Retailing and Consumer Services, 2021, 63: 102692.

[20] LI Y J, WANG X, VAN SLYKE C. *Determinants of online professor reviews: an elaboration likelihood model perspective*[J]. Internet Research, 2023, 33(6): 2086-2108.

[21] LIMENEH D Y, AYELE M, TESFAYE T, et al. *Effect of weave structure on comfort property of fabric*[J]. Journal of Natural Fibers, 2022, 19(11): 4148-4155.

[22] LIU H, WU Y, LEI D, et al. *Gender differences in physiological and psychological responses to the thermal environment with varying clothing ensembles*[J]. Building and Environment, 2018, 141: 45-54.

[23] MIRANDA-DE LA LAMA G C, ESTEVEZ-MORENO L X, VILLARROEL M, et al. *Consumer attitudes toward animal welfare-friendly products and willingness to pay: Exploration of mexican market segments*[J]. Journal of Applied Animal Welfare Science, 2019, 22(1): 13-25.

[24] PERRY A, CHUNG T L. *Understand attitude-behavior gaps and benefit-behavior connections in Eco-Apparel*[J]. Journal of Fashion Marketing and Management, 2016, 20(1): 105-119.

[25] PERRY P, WOOD S, FERNIE J. *Corporate social responsibility in garment sourcing networks: Factory management perspectives on ethical trade in Sri Lanka*[J]. Journal of Business Ethics, 2015, 130: 737-752.

[26] PETERMAN K, YOUNG D. *Mystery shopping: An innovative method for observing interactions with scientists during public science events*[J]. Visitor Studies, 2015, 18(1): 83-102.

[27] SARGEZEH B A, TAVAKOLI N, DALIRI M R. *Gender-based eye movement differences in passive indoor picture viewing: An eye-tracking study*[J]. Physiology & behavior, 2019, 206: 43-50.

[28] SENDLHOFER T. *Decoupling from moral responsibility for CSR: Employees' visionary procrastination at a SME*[J]. Journal of Business Ethics, 2020, 167(2): 361-378.

[29] STRAUSS A, CORBIN J M. *Basics of qualitative research: Grounded theory procedures and techniques*[J]. Contemporary Sociology, 1993, 21: 138.

[30] STRAUSS A. *Qualitative analysis for social scientists*[M]. New York: Cambridge University

Press. 1987.

[31] SURAWEERA S. 36 *Occupational health services for small-scale industry workers in a district of Sri Lanka*[J]. Occupational and Environmental Medicine, 2013, 70(1): A12-A13.

[32] WANG S J, CHEN L S L. *Consumers' attitudes towards different product category of private labels*[J]. African Journal of Business Management, 2011, 5(17): 7616-7621.

[33] WITTGENSTEIN L. *Philosophical Investigations*[J]. Mind, 1954, 63-70.

[34] YANG S, XIONG G, MAO H, et al. *Virtual Fitting Room Effect: Moderating Role of Body Mass Index*[J]. Journal of Marketing Research, 2023, 60(6): 1221-1241.

[35] YIN R K, THOUSAND S. *Case study research: Design and methods*[M]. Thousand Oaks, CA: Sage. 2009.

[36] ZHENG G W, AKTER N, SIDDIK A, et al. *Organic foods purchase behavior among generation Y of Bangladesh: The moderation effect of trust and price consciousness*[J]. Foods, 2021, 10(10): 2278.

[37] 艾尔·巴比. 邱泽奇译. 社会研究方法[M]. 北京: 华夏出版社, 2009.

[38] 陈彩霞, 朱文赫, 邵丹, 等. 虚拟形象广告中消费者感知价值对服装购买意愿的影响[J]. 丝绸, 2022, 59(05): 85-94.

[39] 陈美, 李敏, 熊棕瑜, 等. 服装生产供应链绩效评价体系构建与案例探析[J]. 毛纺科技, 2018, 46 (12): 6-12.

[40] 陈向明. 扎根理论的思路和方法[J]. 教育研究与实验, 1999, (04): 58-63+73.

[41] 单宇, 周佳慧, 张闯. OEM企业如何打破全球价值链的低端锁定——基于组织学习视角的探索性案例研究[J]. 南开管理评论: 1-23.

[42] 杜晖, 刘科成, 张真继, 等. 研究方法论[M]. 北京: 电子工业出版社, 2010.

[43] 风笑天. 社会学研究方法[M]. 北京: 中国人民大学出版社, 2001.

[44] 冯铭铭, 沈梦, 宗刚, 等. 衣下空气层对滑雪服热湿舒适性的影响[J]. 北京服装学院学报(自然科学版), 2020, 40(01): 1-6+13.

[45] 甘美辰, 李敏. 女装搭配推荐系统的设计与实现[J]. 纺织学报, 2020, 41(10): 122-131.

[46] 贾旭东, 衡量. 扎根理论的"丛林"、过往与进路[J]. 科研管理, 2020, 41(5): 151-163.

[47] 贾旭东, 谭新辉. 经典扎根理论及其精神对中国管理研究的现实价值[J]. 管理学报, 2010, 7(5): 656-665.

[48] 邵鹏, 梁杰. 新零售时代服装品牌商的全渠道融合模式[J]. 纺织学报, 2020, 41(01): 150-157.

[49] 叶宝文, 朱奕, 陈彩霞. 服装类电商直播对消费者推荐意愿的影响[J]. 毛纺科技, 2021, 49(06): 36-40.

[50] 袁静. 从跨产业升级到重构全球价值链——杉杉集团案例研究[J]. 中山大学学报(社会科学版), 2022, 62(04): 168-180.

[51] 张黎. 怎样写好文献综述: 案例及评述[M]. 北京: 科学出版社, 2008.

[52] 张芯源, 李敏. 上海地区无钢圈文胸消费偏好及购买意愿研究[J]. 针织工业, 2023(01): 73-77.

[53] 周新年. 科学研究方法与学术论文写作(第二版)[M]. 北京: 科学出版社, 2019.

附　录

附录 A

纺织服装专业外文期刊(部分)

期刊名称	检索类别	文章范围	出版单位	官网
Clothing and Textiles Research Journal	SSCI	涵盖了广泛的研究主题,包括但不限于服装设计、纺织材料、时尚产业、消费者行为、生态纺织、服装工程、可持续发展、纺织技术等方面的研究。该期刊旨在促进对服装和纺织领域的跨学科研究和交流,为学术界和产业界提供最新的研究成果和发展趋势。	Sage.	https://journals.sagepub.com/home/ctr
Fashion and Textiles	SCI	范围涵盖四个技术研究领域:纺织科学与技术、服装科学与技术、服装与纺织品经济学/时尚商业以及时尚设计与时尚文化研究。具体内容包括纺织材料科学与技术、智能纺织品、服装生理学、防护服装、智能服装、时尚营销、消费行为、时尚设计、时尚趋势和时尚历史等。	Springer	https://fashionandtextiles.springeropen.com/
Fashion Practice-the Journal of Design Creative Process & the Fashion Industry	SSCI	广泛涵盖时尚业的整个业务,内容包括:时尚设计和实践的创新、时尚行业内的可持续性和伦理、微观和纳米技术在时尚领域的应用、"智能"纺织品和数字时尚、材料、设计概念和流程、零售/电子商务时尚表演、时尚消费和生产、时尚和服装零售的新发展等。	Taylor & Francis	https://www.tandfonline.com/journals/rffp20
Fashion Theory	A & HCI	期刊发表有关时尚作为具体身份的文化建构以及自我打造的文化意义的研究。	Taylor & Francis	https://www.tandfonline.com/journals/rfft20
Fibers and Polymers	SCI	期刊刊登纺织工业发展相关的纤维与聚合物科学技术的最新研究。该杂志的主题包括纤维结构与性能、染整、纺织加工和服装科学等。细分范围:纤维材料化学、高分子反应与合成;纤维、聚合物共混物和复合材料的物理性能;纤维纺纱与纺织加工、高分子物理、形态学;着色剂和染料、聚合物分析和表征;纺织品的化学后处理、聚合物加工和流变学;纺织和服装科学等。	Korean Fiber Society	http://www.springerlink.com/content/1229-9197/12/6/

（续表）

期刊名称	检索类别	文章范围	出版单位	官网
Fire and Materials	SCI	论文主要研究材料及其制品的防火性能，因此涵盖了聚合物领域的所有方面，以及聚合物应用的最终用途；天然产物领域的重要发展——木材和纤维素、非聚合材料——金属和陶瓷以及阻燃化学品的化学和工业应用。	Wiley	https：//onlinelibrary.wiley.com/journal/10991018
International Journal of Clothing Science and Technology	SCI	期刊涉及服装科学技术的各个方面：服装材料和纺织品的设计、开发和制造技术、服装生产过程中的创新和优化方法、服装和纺织品的功能性和性能评估、服装与人体工程学、舒适度和穿着者体验的关系、纺织品的可持续性和环保方面的研究、服装和纺织品的材料科学、化学和物理性质、纺织品技术在医疗、运动、防护等领域的应用、纺织品制造业的技术创新和管理、纺织品在时尚设计和消费者行为方面的研究等。	Emerald	http：//www.emeraldgrouppublishing.com/products/journals/journals.htm?id=ijcst
International Journal of Fashion Design Technology and Education	ESCI	期刊涵盖时装设计、裁剪、服装生产、制造技术和时装教育等领域，刊登时装和纺织行业中最新发展技术和理论，促进在服装和纺织领域的优秀教育实践。	Taylor & Francis	https：//www.tandfonline.com/toc/tfdt20/current
Journal of Donghua University（English edition）	/	论文主要涉及纺织、合成纤维、服装等学科，兼顾相关学科，刊登研究论文、理论研究、应用技术及其相关领域的科研学术论文。	东华大学	https：//qkzx.dhu.edu.cn/
Journal of Fashion Marketing and Management	SSCI	涵盖了时尚营销和管理领域的广泛内容，包括但不限于时尚市场营销策略和战略、时尚品牌建设和品牌管理、消费者行为和趋势分析、时尚零售和渠道管理、时尚产品开发和设计、时尚产业的可持续发展和环境影响、时尚趋势和未来预测、时尚与社会文化、技术和经济的关系、时尚营销中的数字化和创新技术应用、时尚市场营销中的国际化和全球化趋势等。该期刊关注时尚行业的各个方面，旨在促进时尚市场营销和管理领域的研究和实践。	Emerald	https：//www.emerald.com/insight/publication/issn/1361-2026
Journal of Global Fashion Marketing	ESCI	主题包括(但不限于)：时尚营销理论和实践、时尚营销研究方法、奢侈品营销、文化和设计营销、时尚消费行为、时尚零售和分销、时尚营销传播、时尚企业营销、时装营销趋势和行业分析、时尚预报系统、时尚市场细分、时尚产品创新、时尚品牌管理、全球定价问题、时尚社交媒体营销、时尚产业服务管理、企业社会责任问题、时尚产业未来发展方向、时尚产业与政策问题、时尚产业法律问题、运动服装营销与赞助、全球与跨学科等研究问题。	Taylor & Francis	https：//www.tandfonline.com/toc/rgfm20/current

（续表）

期刊名称	检索类别	文章范围	出版单位	官网
Journal of Industrial Textiles	SCI	涵盖工业纺织品领域的广泛内容，包括但不限于工业纺织品的制造和加工技术、纺织品材料的研究和开发、纺织品的性能测试与评估、纺织品的应用和市场趋势、纺织品在特定行业（如汽车、航空航天、医疗保健等）中的应用、新材料、新工艺和新技术在工业纺织品中的应用和发展、纺织品可持续性和环境影响的研究、纺织品设计和创新等。该期刊涵盖了工业纺织品领域的各个方面，旨在推动工业纺织品领域的研究和发展。	Sage	http://jit.sagepub.com/
Textile Research Journal	SCI	涵盖了各种与纺织有关的主题和领域。其文章范围包括但不限于纺织材料、纤维科学、纺织加工技术、纺织品设计与制造、纺织品功能性与性能、纺织品可持续发展、纺织品市场与消费行为、纺织品工程、纺织品质量控制和检测等方面的研究。该期刊旨在促进纺织领域的学术交流和创新，为学术界和工业界的研究人员提供一个分享最新研究成果和技术进展的平台。	Sage	http://trj.sagepub.com/
The Journal of The Textile Institute	SCI	涵盖了广泛的研究领域，包括纺织材料、纺织工艺、纤维科学、纺织工程、纺织化学、纺织设计、纺织市场等方面的研究。该期刊旨在促进纺织领域的研究和发展，提供高质量的学术论文、评论和技术报告，以推动纺织行业的创新和进步。	Taylor & Francis	https://www.tandfonline.com/toc/tjti20/current

注意：论文的检索信息可能因年份不同而有差异，请在投稿前确认。

附录 B

纺织服装专业中文期刊(部分)

期刊名称	检索类别	文章范围	发文周期	出版单位	官网
北京服装学院学报(自然科学版)	/	主要刊登与纺织服装行业相关的基础研究论文、应用技术报告、综合性学术评论及专题论述,特别是纺织服装新材料、纺织化学、纺织技术、染整技术、服装 CAD 技术、生态纺织品等领域的研究成果。	季刊	北京服装学院	http://www.bjfzxyxb.cn/
产业用纺织品	/	期刊主要刊登国内外有关产业用纺织品的综述文章,科研、生产技术报告,报道相关领域的新产品、新材料、新技术及新设备,并介绍相关的专利、标准、测试方法,以及相关领域的行业动态、市场信息等。	月刊	东华大学	https://qkzx.dhu.edu.cn/
东华大学学报(自然科学版)	北大核心	栏目设有纤维与材料工程、纺织与服装工程、化学化工与生物工程、计算机与信息工程、机械与制造工程、环境科学与工程、经济与管理工程、基础科学。	双月刊	东华大学	https://qkzx.dhu.edu.cn/
纺织导报	北大核心	设有纤维技术、纺纱、织造、针织、染整、非织造技术与产业用纺织品、行业观察、资讯等栏目。依托于世界纺织科技发展大势及业界科技进步动态,专注国际化、本土化纺织科技创新的管理理念与具体运作方式,聚焦与剖析重大纺织科技进展。	月刊	中国纺织工业联合会主管、中国纺织信息中心	http://www.texleader.com.cn/
纺织高校基础科学学报	CSCD	主要刊载纺织与材料科学、服装智能制造、数学、物理学、化学及力学等基础学科在理论研究、应用研究方面有创见性或实用性的学术论文。	季刊	西安工程大学、中国纺织服装教育学会	http://fzgx.xpu.edu.cn/
纺织学报	EI、CSCD、北大核心	主要刊登国内外最新纺织科研成果,学术理论探讨,新技术、新产品、新设备的开发,国内外纺织动向综述或评论等,设纤维材料、纺织工程、染整与化学品、服装工程、纺织机械与器材、管理与信息化、综合述评等栏目。面向纺织材料、纤维制造、纺织加工、染整加工、服装加工、纺织机械与设备制造等专业的整个纺织行业。	月刊	中国纺织工程学会	http://www.fzxb.org.cn/CN/0253-9721/home.shtml
服装学报	北大核心	主要刊载针对服装领域材料、结构、管理、设计、文化、营销和信息化等方面,具有原创性、前瞻性和交叉性的基础理论研究和应用成果。栏目设有服装材料、服装工程、服装智造、服装人体工学、针织服装、功能服装、服饰文化、服装营销、服装时尚、智能服装和民族服装等。	双月刊	江南大学	http://fzxb.paperonce.org/

期刊名称	检索类别	文章范围	发文周期	出版单位	官网
国际纺织导报	/	主要刊登国际纺织及化纤等领域各类最新研究成果和工艺发展趋势,介绍国际上重要学术会议及专业领域内技术经济信息,并同时刊登我国纺织、服装等领域内的最新研究成果和相关行业信息。主要栏目有：纤维原料、纤维与纱线、纤维生产、变形工艺、纺纱、机织、针织、纺织染整、非织造技术、产业用纺织品、测试与标准、服装面料和营销与管理等。	月刊	东华大学	https://qkzx.dhu.edu.cn/
毛纺科技	北大核心	主要刊登国内外毛纺织染及相关专业的新工艺、新技术、新产品、新设备、新趋势的科研成果及学术论文,内容涉及毛纺织、毛针织、麻纺织、服装等各专业领域。设纺织工程、染整与化学品、服装设计与工程、机械与器材、标准与测试和综合述评等栏目。	月刊	中国纺织信息中心、中国纺织工程学会	http://www.wooltex.org
棉纺织技术	/	期刊主要刊登纺织行业棉技术相关的论文,以从事棉纺织生产技术各个层面的技术人员为主要对象,兼顾科研、教学的需要,坚持理论与实践相结合、普及与提高相结合、当前与未来相结合、国内与国外相结合、技术与经济相结合,推广先进的棉纺织技术。	月刊	陕西省纺织科学研究院、中国纺织信息中心	http://www.mfzjs.com/
上海纺织科技	/	主要栏目设有综合述评、研究报告、专题论坛、技术讲座、生产实践、产品开发、技术改造、纺织资讯,重点报道覆盖整个纺织产业链的新技术、新工艺、新设备、新产品以及管理、经营新理念,传播、普及、推广纺织学科的前沿技术,报道业界的最新动态,并针对企业生产、产品开发与管理提供思路、方法和实用技术。	月刊	上海市纺织科学研究院	https://sfxk.cbpt.cnki.net/WKE3/WebPublication/index.aspx?mid=sfxk
丝绸	CSCD、北大核心	主要刊登国内外丝绸纺织领域的重要科研成果,介绍和推广新技术、新工艺、新设备、新产品,提供国内丝绸经济与科研信息,交流管理与技术工作经验,促进行业科技进步及行业的发展。主要专栏有：研究与技术、设计与产品、改革与管理、标准与测试、历史与文化和行业之窗等。	月刊	浙江理工大学、中国丝绸协会、中国纺织信息中心	http://www.cnsilk.cn/
天津工业大学学报	北大核心	以纺织相关学科为特色,所设栏目主要有：纤维新材料、纺织与服装、染整与化工、电子信息与自动化、机械设计与制造等。	双月刊	天津市教育委员会主管、天津工业大学	https://tjfz.cbpt.cnki.net/WKB3/WebPublication/index.aspx?mid=TJFZ
现代纺织技术	北大核心	重点报道纺织领域的理论研究、开发技术和管理经验等成果。面向大纺织,刊登与纤维生产加工、纺纱技术、织造技术、印染加工、纺织机械和服装工程等相关的选题的科技论文。主要栏目设有材料工程、纺织工程、染化工程、纺织设备等。	月刊	浙江理工大学、浙江省纺织工程学会	http://journal.zjtextile.com.cn/CN/1009-265X/home.shtml

（续表）

期刊名称	检索类别	文章范围	发文周期	出版单位	官网
印染	北大核心	主要刊登纺织印染助剂新品种的研制与开发成果，介绍印染助剂生产新工艺、新技术及分析测试新方法。	月刊	上海市纺织科学研究院、全国印染科技信息中心	http://www.yrzzs.cn/
浙江纺织服装职业技术学院学报	/	期刊围绕纺织、服装两大专业，开设了纺织研究、服装研究、纺织服装文化研究、红帮研究、艺术与设计等栏目。	季刊	浙江纺织服装职业技术学院	https://kns.cnki.net/knavi/journals/NBFZ/detail?uniplatform=NZKPT
针织工业	北大核心	主要刊登针织产品生产的新技术、新工艺、针织新产品开发研究情况以及针织行业发展的相关资讯，以推广应用技术为主，注重针织工艺理论与生产实践相结合，技术与经济相结合，技术与信息相结合。栏目包含针织技术、制衣技术、印染技术、检测与标准、专家讲坛、行业展会、中国专利、行业简讯等。	月刊	天津市针织技术研究所、中国纺织信息中心	http://www.knittingpub.com/ch/index.aspx

注意：论文的检索信息可能因年份不同而有差异，请在投稿前确认。

附录C

纺织服装实验设备

序号	仪器设备及型号	主要用途
1	万能试验拉伸机 Instron 5965	主要用于拉伸和压缩试验,同样也可以进行弯曲、剥离、剪切、撕裂和循环试验。
2	同步热分析仪 耐驰 STA449F3	通过同步测量热重(TG)和差热(DSC)的信息,测试织物在高温或低温条件下的热性能。
3	毛细管流变仪 高铁 CR-6000-25	用于在高应力下测量剪切应力,测定热固性材料的流动性和固化速度,绘制热塑性材料的应力应变曲线、塑化曲线,测定软化点、熔融点、流动点的温度,测定高聚物熔体的黏度及黏流活化性,研究熔融纺丝的工艺条件。
4	傅里叶原位显微 红外光谱仪 Thermo Fisher Nicoleti N10MX	对粉末、液体、气体样品进行透射吸收光谱、镜面反射光谱、漫反射光谱、ATR 全反射光谱、显微红外光谱的测量。
5	扫描电子显微镜 (加能谱扫描) TESCAN;VEGA3SBH	主要应用于纤维的鉴别与品质鉴定;薄膜材料表面特征,粒子形态、分布及薄膜气孔大小与分布,薄膜缺陷,催化剂表面形态及粒度分布测定等。
6	电子单纤维强力仪 泉州美邦 YG008E	用于测定各种单纤维、金属丝、头发、碳纤维等材料的断裂强力、断裂伸长率、定伸长负荷、定负荷伸长、蠕变等性能指标。
7	电子单纤维强力仪 南通宏大 YG004C	用于测定棉、毛、丝和化纤等单根纤维干态(或湿态)的断裂强力、断裂伸长率、定伸长负荷、定负荷伸长、初始模量、断裂时间和 CV 值。
8	纤维卷曲弹性仪 YG362	用于测定纤维的卷曲度、卷曲弹性、卷曲回复率及它们的统计值,具有显示和打印功能。
9	纤维热收缩仪 XH-1	用于合成短纤维干热收缩率测试。
10	纤维比电阻测试仪 YG321	用于测定各种化学纤维比电阻值。
11	纺织材料动态 电阻测试仪 苏州昇特 FZ06	测量智能纺织品(包括纤维、纱线、织物)拉伸过程中受到伸长或张力状态下的动态电阻。
12	纤维取向度测试仪 上海东华凯利 SCY-IV	适合各类化学纤维长丝、复合纤维长丝、束丝、单丝和薄膜的取向度及模量的测量。
13	哈氏切片器 宁波纺仪 Y172	将纤维或纱线切成极微小的横断面薄片,以观察其组织结构。

（续表）

序号	仪器设备及型号	主要用途
14	纤维摩擦系数测试仪 XCF-1A	用于测试纤维静、动态摩擦系数。
15	电子单纱强力仪 泉州美邦 YG021DL	用于各种棉、毛、麻、丝、化纤、包芯纱的单根纱线和纤维纯纺或混纺纱线断裂强度、伸长率测试。
16	条干均匀度测试分析仪 陕西长岭 CT3000TS	用于测量棉、毛、麻、绢、化学短纤维的纯纺或混纺纱条的线密度不匀及不匀的结构和特征。
17	质量测试系统条干仪 苏州 USTER ME6	测量短纤维纱线、粗纱和条子的质量波动以及短纤维纱线的疵点。
18	数字式纱线捻度仪 Y331LN	用于各种棉、毛、丝、化纤等纱线及股线的捻度、捻度不均率、捻缩的测定。
19	纱线毛羽测试仪 莱州电子 YG172C	用于测定各种天然纤维与化学纤维的纯、混纺纱线的表杆毛羽长度、毛羽指数及其分布。
20	缕纱测长仪 YG086	用于精确测定纱线的长度,供纺织纱线的线密度或支数的测定及缕纱强度试验用。
21	数字式织物厚度仪 YG(B)141D	用于各种机织物、针织物及均匀薄材料的厚度测定。
22	织物密度镜 511B	用于各类棉、毛、丝、麻织物和混纺交织织物的经纬密度测定。
23	智能型光泽度仪 深圳三恩时 3nh NHG268	用于织物表面光泽程度的测量。
24	全自动透气量仪 YG461E-III	用于测量织物透气性。
25	织物透气性测试仪 美国 SDLATLAS MO21	用于测量织物透气性。
26	电脑式织物透湿仪 YG601H-II	用于测量织物的透湿性。
27	电子织物强力机 YG065H-250/PC	用于测定织造布、非织造布断裂强力、顶破强力、伸长率等指标。
28	织物起毛起球仪 LFY-5B	用于织物的起毛起球测试。
29	马丁代尔耐磨仪 YG401H	用于毛及毛混纺机织物、针织物及非织造物在一定压力下的耐磨损性能和起球性能的实验。
30	织物勾丝仪 宁波纺仪 YG518E	用于测试外衣类针织物和机织物及其他易勾的织物,特别是适用于化纤长丝及其变形纱织物的勾丝程度。
31	全自动织物硬挺度仪 HD022D	用于测试织物的硬挺度。

（续表）

序号	仪器设备及型号	主要用途
32	通风式热阻湿阻测试仪 YG606E	用于测试织物保暖性能。
33	纺织品甲醛含量测定仪 YG201D	用于测试纺织品甲醛含量。
34	织物动静态悬垂风格仪 YG811E	用于测试织物悬垂性。
35	织物负离子发生量测试仪 DR407M	用于纺织品负离子发生量的测定（动态摩擦法）。
36	纺织品液态水份传递性能测试仪 DR290M	用于测量纺织品液态水分传递性能。
37	耐水洗色牢仪 美邦 SW-20B	适用于棉、毛、丝、麻、化纤及混纺、印染纺织品的耐水洗和干洗色牢度试验，也可用于考核染料耐洗色牢度性能的试验。
38	纺织品防紫外性能测试仪 YG912E	用于测试纺织品紫外线透过率和防紫外线性能，可直接测试得到纺织品的紫外线防护系数 upf。
39	全自动接触角测量仪 轶轶创析 XG-CAMD3	用于测试和分析液体对于固体的接触角、表/界面张力等。
40	超景深视频显微镜 新加坡 徕卡 DVM6	用于检测分析、质量控制、故障分析、研发产品测量分析等，能快速捕捉高清画质图像。
41	梳棉机小样机 HFX-A1,DSCa-01	对纤维进行开松、混合、梳理。
42	数字式小样并条机 DSDr-01	生条喂入，并和牵伸成熟条。
43	数字式小样粗纱机 2-DSRo-01	用于棉及棉型化纤熟条纺成粗纱。
44	数字式小样细纱机 2-DSSp-01	用于棉及棉型化纤熟条纺成细纱。
45	数字式小样并纱机 DSDw-01	用于多种不同颜色和纤维的纱线混合生产。
46	数字式小样倍捻机 DSDt-01	把纱线多股合成一股。
47	半自动织布小样机 江阴通源纺机 SGA598	用于棉、毛、丝、麻、化纤、混纺等各类织物的小样试织。
48	全自动剑杆织布小样机 中国台湾 CCI Evergreen	用于棉、毛、丝、麻、化纤、混纺等各类织物的小样试织。

(续表)

序号	仪器设备及型号	主要用途
49	慈星电脑横机 GE1-52c	适用于真线、绢丝、合纤丝、羊毛、腈纶、混纺、纱线等原料编织毛衫成衣、围巾、帽子以及服装附件。
50	14针缝盆机 Z4-35A	用于缝合成型制品。
51	冷场发射扫描电镜 及其配套能谱仪 日本 HITACHI S4800	用于观察材料微观结构,以及分析材料中元素成分及其含量。
52	冷场发射扫描电镜及其 配套能谱仪 HITACHI Regulus 810	主要用于观察材料微观结构,以及分析材料中元素成分及其含量。
53	台式扫描电镜及能谱仪 日本 HITACHI TM3030	主要用于观察材料微观结构,以及分析材料中元素成分及其含量。
54	差示扫描量热仪 TA Discovery 250	用于研究在程序温度控制下测量输入到被测样品和参比物的功率差与温度的关系。主要用于测试材料的相变(一级相变或二级相变)、熔点、熔化热、比热容、玻璃化转变温度等。
55	热重差热综合分析仪 PE Diamond TG/DTA	主要用于研究测量样品在程序温度控制下的化学及物理变化所引起的质量和热量的同步变化,可测试材料的分解温度、热稳定性、重量变化率、相变、熔点、熔化热、玻璃化转变温度等。
56	旋转黏度仪 Anton Paar Rheolab QC	主要用于涂料、黏合剂、食品、化妆品、软性凝胶、润滑剂、建筑材料、泥浆、沥青等的流变和黏度曲线测试,还可以对乳液和分散体系的混合行为、涂料的触变性、垂直流挂和流平性、胶体和黏糊的屈服点等进行研究测试。
57	红外光谱仪、显微镜 ATR红外 美国 Nicolet5700 IS5	主要用于红外定量分析功能;图谱检索功能;可进行各种材料的动力学分析,可以报告分子结构、光谱和化学特性;智能红外谱图解析功能。还可以进行样品微区的化学结构分析,并实现同步扫描。
58	热重-红外联用仪 TGA4000 + SP2 PerkinElmer	用于研究材料的热稳定性、分解过程、吸附与解吸、氧化与还原、水分与挥发物测定,作材料成分的定量分析,研究添加剂与填充剂影响,反应动力学研究、热分解机理等。在得到热分析信息的同时,可进一步对热分析过程中的逸出气体进行检测,得到关于材料的更多信息,对纺织材料的热学性能研究具有重要的意义。
59	显微拉曼光谱仪 HORIBA XploRA PLUS	该仪器可以实现超快速的共焦拉曼成像,是普通成像速度的10倍。真共焦设计使得它即使在超快速成像的条件下也能保证高品质的成像质量和空间分辨率。
60	超景深三维显微镜 及高速摄像 日本 Keyence	主要用于光学拍摄各种材料图片,并具有多焦距三维叠合功能(把不同焦点上清晰的图片合成到一起)。
61	X光电子能谱仪 KRATOS Axis Ultra HAS	主要用于分析测试材料表面元素含量、元素成分等,可进行微区元素和化学态空间分布分析。

（续表）

序号	仪器设备及型号	主要用途
62	X 射线衍射仪 岛津 6100	该设备采用 θ/2θ 扫描方式,岛津特有的全聚焦弯晶后单色器,X 射线衍射效率达到 50% 以上。
63	紫外可见光分光光度计 岛津、日立	主要用于测试染料溶液、蛋白质溶液、紫外线吸收剂溶液、有机物等在紫外区域和可见光区域的吸收情况。主要有吸光度、透射率等指标。
64	激光粒径测试仪 ZETA 电位测试仪 Malvern ZS90	利用颗粒对光的散射现象,以及大颗粒产生的散射角小、小颗粒产生的散射角大的原理,测量粉体的粒径分布。
65	固体 ZETA 电位测试仪 Anton Paar SurPASS	用于测试纤维、薄膜、粉末、粒子、固体金属或非金属片等材料的表面电荷,可了解材料表面上的电荷状况,研究材料表面性能。主要应用于材料表面改性;材料表面黏附、吸附、脱附等;材料组成;材料亲水性与疏水性;材料洁净处理等,对不同形状和尺寸的固体及粉末材料均适用。
66	原子力显微镜 VECCO multimode	主要用于测量各种材料微观形貌,纳米颗粒的表面形貌观察、尺寸测定、表面粗糙测定、颗粒度解析、弹性模量、磁力、电场力的测量分析等。
67	激光共聚焦显微镜	主要用于组织切片、活细胞的荧光标记、三维图像重建分析研究;细胞生物物质、离子的定性、定量、定时和定位分布检测等。
68	电感耦合等离子体 发射光谱仪 Thermo Fisher Icap6300	主要应用于元素的各种定性定量分析,应用于冶金、地质、环保、化工、材料食品及食品等领域的微量金属元素及部分非金属元素的测定。
69	荧光光谱仪 Horiba	主要用于测试各种材料的荧光光谱,激发光源:稳态 UV 到 NIR 的宽带 450W 氙灯可更换的脉冲 NanoLED 和半导体激光器。
70	原子吸收光谱仪 PE AA800	主要用于 8 种重金属元素的定性、定量分析。现有配置可以测量的 8 种元素为 Cd/Co/Cr/Cu/Ni/Pb/Sb/Zn,增加配备相应的元素灯后可扩展重金属元素测量种类。
71	三重四级杆液质联用仪 Thermo Fisher TSQquantum AccessMAX	主要应用于生态纺织品的检测和研究工作,针对热不稳定化合物、易挥发小分子化合物(MW<1 000)具有较好的检测效果,可以判定未知化合物的分子结构和特定官能团。
72	三重四级杆气质联用仪 BRUKER 450GC/320MS	主要用于生态纺织品的检测和研究工作,适用于纺织品中禁用染料的定性和定量分析,对判断未知化合物的特定官能团和同分异构体的判别具有极大的效用。
73	旋转流变仪 TA AR2000/HR2	应用于流体、熔体、凝胶以及固体的流变性能、动态黏弹性等的测定。
74	氨基酸分析仪 日本日立 L8900	主要可用于检测样品中蛋白水解氨基酸、游离氨基酸的种类及含量,广泛应用于食品、纺织等领域检测。
75	圆二色谱仪 JASCO	广泛应用于手性化合物构象、天然化合物药物、糖分子、高聚物材料、生物大分子如蛋白质、核酸、DNA、多肽等的结构分析、相互作用研究以及药物筛选。

（续表）

序号	仪器设备及型号	主要用途
76	总有机碳/总氮分析仪 德国耶拿 TOC/TN	主要用来测定水样中总有机碳或者总氮，是通过特殊催化剂存在的条件下高温氧化原理测定，可以用来分析市政和工业处理工厂的饮用水和污水。
77	动态接触角 表面、界面张力仪 DCAT21，德国 Dataphysics	可以测量液体的表面、界面张力，特殊固体材料(纤维、粉末)的动态接触角；计算固体表面自由能及其分量，全自动测量表面活性剂的临界胶束浓度(CMC)；测量液体的密度、悬浮液的沉降速率。
78	视频接触角测量仪 OCA，德国 Dataphysics	主要用来进行研究、开发产品或对产品进行质量控制。对物质的接触角进行测试和分析。
79	核磁共振颗粒表面 特性分析仪 PO001	通过探测含氢溶剂分子的平均弛豫时间变化来推知溶液颗粒表面特性，从而反映颗粒比表面积、粒子分散稳定性、颗粒与介质之间的亲和性、粉体质量控制。可以评价悬浮液体的颗粒与溶剂之间的表面化学、亲和性、润湿性，也可用于纳米颗粒、石墨烯、涂料颗粒、染料颗粒等表面特性分析、颗粒亲疏水性研究、丝素凝胶过程分析、材料孔径大小评价、悬浮液分散性、稳定性评价等。
80	KES 风格仪 日本 KATO TECH FB	本仪器可以对各类织物(机织物、针织物、无纺织物)、皮革、合成皮革以及各种膜材料的力学性能进行精确检测(测量柔性材料的拉伸、剪切、弯曲、压缩、摩擦性能)，利用测定得到的结果，以川端季雄的研究为依据，可以对织物的风格进行客观的评价和分析。同时也可用于测试护肤品(BB霜、粉饼)涂覆于人造皮肤上的表面粗糙度与摩擦因数。
81	织物触感仪 深圳瑞峰 RF4008FTT	本仪器是一台高度集成、高度智能化的检测仪器，一键启动测试，可获得面料的18项指标。可实现在一次测量过程中，完成采集织物经纬向以及织物的热流、压缩、弯曲、表面摩擦性能和表面粗糙度等多项物理指标，并可以由这些物理特性，结合人体主观触感评价测量，进一步评估织物的柔软度、顺滑度和冷暖感，从而评估织物的综合接触舒适感。
82	接触冷暖感测试仪 KES F7 Thermo Labo	用于测试织物的冷暖感。
83	万能材料试验机 Instron 5967/3365	主要测定纺织纤维、纱线、织物等各种材料的拉伸、弯曲、剥离、撕裂、海绵压缩等力学性能。
84	静电性能测试仪 表面电阻仪 比电阻仪 日本大荣、 意大利 MESDAN	本仪器是可满足在适宜的大气条件下(20℃，30%～40%)测量纤维、纱线、织物、服装样品及其他柔性片状材料的抗静电性能，测量指标为"半衰期、静电压"(主要用于测试冬季化纤面料的摩擦起静电量)。
85	全自动透气量仪 ATLAS M021A	可测量机织物、针织物、非织造材料的透气性能，也可用于测量造纸行业的空气滤芯纸、水泥纸、滤布、涂层织物等的空气过滤性能。
86	全自动比表面孔隙测定仪 CFP-1500 A	可适用于测量纤维集合体材料如织物、非织造材料等孔隙结构，仪器借助于液体排驱技术，测量通孔孔径及气体渗透率。
87	滤料性能测试仪 TSI 8130	可测量各种非织造材料的过滤性能，为滤料测试提供了快速、可靠的滤料过滤效率的检测方法。通过喷射气溶胶可以检测过滤材料的过滤效率。

（续表）

序号	仪器设备及型号	主要用途
88	邦迪斯门雨淋试验仪 RF4468N 深圳瑞锋	可用于测试织物在受到摩擦和旋转时对人工模拟雨水穿透的阻力。
89	静水压测试仪 TEXTEST	测试织物渗透压力和渗透时间。
90	悬垂风格仪 日本大荣	用于测定各种织物的动、静悬垂性能指标：悬垂系数、活泼率、曲面波纹和美感系数。
91	马丁旦尔耐磨仪器 Mesdan	用于测定各种织物测量面料的起毛起球性能，质量损失。根据样照来评价起毛起球的等级。
92	PILLGRADE 起毛起球三维评级系统 美国 SDL Atlas	用于客观评价纺织品起毛起球性能，可自动测试起球数量、平均起球质量、平均起球尺寸、起球密度、起毛密度、起毛起球评级等参数。
93	恒温恒湿测量系统 zoglab	用于测定恒温恒湿实验室温湿度的情况，可以实时动态检测温度、湿度，超出范围可以报警。
94	撕破强力测试仪 Mesdan Elmatic	用于织物、厚纸张、塑料布、电工胶布等的抗撕裂强力的测定，最大量程 0～300 N。
95	电子气动胀破强度仪 宁波纺仪 YG032G	用来检测梭织、针织、无纺布、纸张、皮革或板材材料胀破强度。
96	远红外测试仪 温州大荣，宁波纺仪	用于测定纺织品远红外性能。
97	全自动褶皱回复角仪	用于测定织物的折痕回复性能，适用于棉、毛、丝、麻、化纤纯纺或混纺织物。
98	测色配色仪 Huntlab、datacolor	用于对纺织材料或其他材料颜色的测试（反射或透射）和定量分析，用于对纺织材料各类染色牢度的测定。用于纺织品染整工艺的计算机配色。
99	日晒牢度色牢度测试仪 ATLAS/WASHTEC/ JAMES H. HEAL	适用于各种印染纺织品服装的耐光色牢度、耐气候色牢度及耐光/汗色牢度试验；也可用于油漆、颜料、涂料、橡胶、塑料以及纸张等其他材料的耐光色牢度试验和光老化试验。
100	自动变角光度计 日本 MCRL GP-200	自动变角光度计的测量可以根据不同的材料形状自动改变入射角和接收角。分析空间的反射率、透过率、量化深度感、透明度、高级质感、手感。
101	紫外加速老化试验机 Qlab QUV	QUV 紫外加速老化试验机能重现太阳光、雨水和露水造成的损害。在几天或几周之内，将材料曝露在交替循环的 UV 光，可控的湿度及高温环境下，QUV 紫外测试仪就能够再现户外数月或数年造成的损害。它使用特殊的荧光紫外灯管模拟阳光的照射，用冷凝湿度和/或水喷雾的方法模拟露水和雨水。
102	蒸化机 MATHIS	主要用于织品印染加工所需的蒸化处理测试。

(续表)

序号	仪器设备及型号	主要用途
103	燃烧性能测试仪 垂直燃烧等 意大利 MESDAN	主要用于测量纺织品燃烧性能,测试阴燃时间、续燃时间、损毁长度、火焰蔓延性能和试样易点燃性,可以调节不同点火角度(45°、60°、90°)测试不同燃烧条件下的反应。
104	氧指数测试仪 英国 FTT	用于测定各种形式的纺织品(包括机织、针织、无纺织物等)的燃烧性能,也适用于塑料、橡胶、纸张等的燃烧性能测定。主要测量测试气体中支持燃烧所需的最小氧气量,测量指标极限氧指数 LOI 值。
105	微型量热仪 英国 FTT	基于氧消耗的原理,用热分析的手段表征物质燃烧释放出的热数值,参数有最高裂解温度、热释放能力、热释放速率峰值、总热释放量。
106	锥形量热仪 6810 阳屹	锥形量热仪(CONE CALORIMETER)是一种根据氧耗原理设计的测定材料燃烧放热的仪器。通过测试有效计算出材料燃烧的各种特性,如热释放速率、总热释放、烟生成速率、总生烟量、烟释放速率、质量损失速率、点燃时间等。主要用来检测材料的防火特性、阻燃机理、燃烧危险等级划分、评价烟气释放等。
107	烟雾密度箱 NBS,英国 FTT	主要用于测试材料燃烧时生成烟的密度、质量损失速率等参数,表征材料的阻燃性能。主要测量厚度不超过 25 mm 的平面样品,在密闭空间内有/无前锋火焰时,垂直暴露于放射性热源 25 kW/m² 的情况下,产生的烟雾密度。主要测量厚度不超过 25 mm 的平面样品,在密闭空间内有/无前锋火焰时,垂直暴露于放射性热源 25 kW/m² 的情况下,产生的烟雾密度。
108	综合热防护性能测试仪 Precision Products	主要用于测定阻燃防护服面料暴露于辐射热源和对流热源的隔热性能的测试。测试指标有热防护 TPP 值、二级烧伤时间等。通过将阻燃防护服面料暴露于辐射热源和对流热源,评估面料阻隔热对流和热辐射渗透的能力以及可能造成的皮肤烧伤等级。
109	染色分析系统	适用于 Mathis 或非 Mathis 实验室设备及大生产设备色染槽染色分析,通过染槽染色在线检测分析,优化和创新染色工艺,达到节能环保新要求。对纤维、纱线或织物进行小样染色试验。
110	涂层覆膜机	主要对纺织品织物或其他薄片进行涂刀涂层或覆膜,然后自动将其送入烘箱按设定温度和时间烘干成型,最后自动退出烘箱。可用于纺织织物涂层新产品研发。
111	导带式直喷数码印花机 MS Italy	主要用于各种纺织织物自动上浆,实现高速数字印花。适用棉、麻、丝、毛等天然纤维面料以及人工合成的化学纤维面料(涤纶类)。
112	泡沫染色及整理系统	主要用于单面或双面不同风格整理,并能在低给液染色中得到实施。还可替代传统涂层方式,实现与众不同的涂层效果。织物可控的低带液率泡沫染整加工不仅可以大大减少干燥能源成本,而且干燥温度也可以降低到 65℃。
113	球磨机 Pulverisette 7 Premium Line 德国 FRITSCH 公司	利用行星公转、自转原理,研磨球在研磨碗内进行高速的运动,通过高能的摩擦力和撞击力实现样品的粉碎,可快速将样品研磨至 1 μm 以下。行星式球磨机 P7 适用于实验室将悬浮液中的固体样品研磨至胶体状细度,也适用于实验室干性样品的研磨,或乳浊液和糊状物的混合及完美的均一化处理。

（续表）

序号	仪器设备及型号	主要用途
114	墨滴观测仪 JetXpert,美国 Imagexpert	可用于捕捉墨滴从喷嘴喷出直至形成完整墨滴的过程,可以分析墨点速度、墨滴体积、拖尾长度等参数,也可观测到是否存在卫星、拖尾、斜喷等现象。适用于墨水喷射性能研究及优化。
115	数码印花机 F2180,爱普生	主要用于织物或成衣的数码印花,个性化定制印花。
116	KES-F7 精密 瞬间热物性测试仪	主要测定纺织织物、柔性体等各种材料瞬间接触的冷暖感,对热传导率和保温性进行客观的量化评价,可测试三个指标(如羊毛与真丝材料对比瞬间接触感觉)。
117	NEWTON 暖体假人	为 34 区暖体假人,可以实现各区段温度、发汗量可调,可模拟人体的热湿传递过程。假人有可移动的人造织物发汗皮肤、滚轮支撑和机械化步行系统,自带自动模型控制软件程序——ThermDac。可测试服装热湿舒适性能的相关指标。
118	人工气候室 EBL-8H30WOPJ'J-38	主要用于模拟各种气候环境,春夏秋冬。温度范围: − 20～ + 50℃;湿度范围: 15%～95% (温度范围:10～50℃)。
119	三维人体测量仪 SYMCAD OPTLFIT	主要用于三维激光扫描的方法测量人体各个部位自动形成点云图,最后测算出各个部位(符合 GB/T16160)的精确尺寸。
120	着装舒适性生理测试仪 AMI	主要可用于着装压力测量,以调查服装的压舒适以及运动舒适性。
121	"东华火人"燃烧假人服装热防护性能测试系统。	用于在闪火轰燃下,服装在真实穿着状态下整体的热防护性能评价。
122	织物储蓄热性能测试 (SET)	用于测试小块面料在低辐射热源下热传递及热蓄积性能。
123	织物辐射热防护性能 测试仪(RPP)	用于测试在各种不同等级的辐射热源下,小块面料的热防护性能。
124	出汗平板仪 Sweating Guarded Hotplate	用来测试织物在干态和湿态条件下的热传递性能,计算织物的热阻和湿阻值。
125	工缝机	用于各类热防护面料及服装的结构设计、打版、缝纫、整理及熨烫。
126	运动肺功能仪 COSMED Quark PFT Ergo	设备放置在恒温恒湿控制舱内,配合专业跑台,功率车等运动设备,通过精确监测各种运动状态下人体的生理肺功能指标的变化,来评估各类服装的舒适性能以及指导服装的功能设计。
127	婴儿出汗假人 Sweating Baby Manikin System	假人为 11 区段独立控温,配可脱卸出汗皮肤和尿不湿测试装置,可模拟婴儿的新陈代谢产热、自主排汗。能完成婴儿被服、尿不湿的隔热与透湿性能的评价。
128	服装接触压力血流仪	此设备使用的是激光多普勒技术,可连续监测组织血流变化。采样深度为 1 mm 左右。测量参数:FLUX (微循环血流量值);CONC (血细胞聚集数值);SPEED(血流速度);DC(激光回光总量值)。包含 5 个通道,即可同时测量 5 个点的血流情况。
129	多导生理仪	此设备共有 20 个通道,使用电极片采集人的生理信号,包含心电、心阻抗、皮电、呼吸等生理指标。

（续表）

序号	仪器设备及型号	主要用途
130	眼动仪	用于记录被测试者的眼动轨迹,研究消费心理和行为。
131	液态水分管理测试仪（MMT）	此设备可以精确计算织物的液态水分管理特性。所测数据包含单向导湿能力、上下表面润湿时间、吸水速度、最大湿润半径、水分扩散速度。
132	干燥速率仪201（DRT201）	基于当预定量的水被吸收到放置在加热板上的织物,然后用恒定的温度气流来干燥织物,从中发生的蒸发速率来确定织物的干燥速率。
133	织物评价系统FES-3-10	用于测试织物的挠度、软度、滑度、悬垂性和褶皱回复率。其中挠度是反映织物的抗弯曲性能的指标;软度是反映织物抗压缩性能的指标;滑度是反映织物的表面粗糙程度的指标。
134	全自动单纱整经机GA193-600	专为自动打样机所设计的整经机,可制作出固定长度的短码经轴,供打样使用,由单独控制计算机所控制,操作简便,解决了织布打样机的准备制程。
135	双组份复合纺丝实验机SDF-2-144	用于单/双组分复合纺丝技术,熔融纺丝。
136	实验室柱塞式挤出机HW-218-A	PTFE中空纤维纺丝技术,可进行混料、定型拉伸和挤压纺丝。
137	熔融指数测试仪6MPCA	用于测试材料的熔融指数等熔融性能。
138	气囊式压力测试仪AMI3037-5S	利用接触的方式,完成服装等柔软材料下微小压力的测量。
139	酶标仪Infinfite M nano	用于酶联免疫检测、微生物微孔板培养检测、化学或生物化学微量分析法检测等应用比色法检测的项目。
140	光散射粒径分析仪Zetasizer NANOZSE	用于测试溶液中颗粒粒度浓度和尺寸分布。
141	电源阻抗分析仪E4990A + B2901A	用于测试材料不同频率下的阻抗。
142	汗渍色牢度仪YG631	用于各类纺织材料和纺织品的耐汗渍色牢度试验和测定各类着色、有色纺织品的耐汗渍、耐水、耐唾液、耐黄变、耐海水色牢度性能。
143	熨烫升华色牢度仪YG605	用于各类有色纺织品耐熨烫和升华色牢度测试。
144	柜式电子剥离强力机YG090L	用于黏合衬布、多层胶合织物及热熔黏合衬与服装面料黏合、衬布与面料黏合、涂层黏附等各种剥离强力测试。
145	拉链综合强力试验机YG026HL	用于拉链的平拉、上止、下止、自锁、开尾平拉、插座移位、拉头拉片结合及聚酯丝、拉链织带等强力测试。
146	快速八蓝恒温烘箱YG747	用于各种纤维、纱线、纺织品回潮率（或含水率）测定及其他恒温烘干。